高等职业教育机电类专业新形态教材

数字化设计与加工软件应用

主编 董 彤 朱 宇
参编 周 平 陈红娟

机械工业出版社

本书以实际项目为载体，经过加工和优化，更适用于教学，采用任务驱动的方式进行编写，内容全面、条理清晰。

本书由零件造型设计、虚拟装配设计、工程图设计和数控加工程序编制四个项目组成。在内容的选择和项目的设计上，从简单到复杂，按照教学规律和认知习惯，选择与学生学习能力和知识水平相匹配的项目，每个任务均配套了强化训练和拓展训练项目，有助于整合已学知识，并为学生提供一定的探索空间，激发其创造力。

本书的每个任务及其配套的强化训练项目均配有讲解视频，扫描书中的二维码，即可进行观看。

本书可作为高职高专院校机械类专业 CAD/CAM 相关课程的教材，也可以供相关工程技术人员参考。

图书在版编目（CIP）数据

数字化设计与加工软件应用/董彤，朱宇主编. —北京：机械工业出版社，2021.8（2025.7重印）
高等职业教育机电类专业新形态教材
ISBN 978-7-111-68791-7

Ⅰ.①数… Ⅱ.①董… ②朱… Ⅲ.①工业设计-应用软件-高等职业教育-教材 Ⅳ.①TB47-39

中国版本图书馆 CIP 数据核字（2021）第 150041 号

机械工业出版社（北京市百万庄大街22号 邮政编码100037）
策划编辑：陈 宾 责任编辑：陈 宾
责任校对：李 杉 封面设计：王 旭
责任印制：常天培
河北虎彩印刷有限公司印刷
2025年7月第1版第4次印刷
184mm×260mm・12.75 印张・315 千字
标准书号：ISBN 978-7-111-68791-7
定价：39.80 元

电话服务 网络服务
客服电话：010-88361066 机 工 官 网：www.cmpbook.com
　　　　　010-88379833 机 工 官 博：weibo.com/cmp1952
　　　　　010-68326294 金 书 网：www.golden-book.com
封底无防伪标均为盗版 机工教育服务网：www.cmpedu.com

前言

UG NX 是德国西门子公司推出的一款功能强大的三维 CAD/CAM/CAE 软件系统，其内容涵盖了产品从概念设计、工业造型设计、三维模型设计、分析计算、动态模拟与仿真、工程图输出，到生产加工成产品的全过程，应用范围涉及汽车、机械、航空航天、造船、医疗、玩具和电子等诸多领域。而 UG NX 10.0 版本较之前版本在易用性、数字化模拟、知识捕捉、可用性等多方面进行了创新，进行了大量的以客户为中心的改进。

本书可作为系统学习 UG NX 10.0 的快速入门指南，其特色如下：

本书以 4 个企业项目实例为载体，并对其进行加工和优化，每个项目包含多个任务，涵盖了相关课程的主要知识和能力目标。本书在内容的选择和项目的设计上，从基础到强化，从简单到复杂，按照教学规律和学生的认知习惯，选择与学生学习能力及知识水平相匹配的项目，从而达到学生了解和掌握所学知识的目的。

本书中的每个任务均配套了强化训练和拓展训练项目，能够为学生提供一定的探索空间，有助于整合已有知识，提高创新能力。其中的拓展训练项目与目前同类教材中的拓展训练项目有很大的区别，除了对建模方法及软件操作能力的拓展训练，还有对学生利用软件解决工程实际问题、完成设计任务的训练。另外，本书还将思政教育的内容融入到了每个项目之中。

本书分为零件造型设计、虚拟装配设计、工程图设计和数控加工程序编制四个项目，包括 CAD、CAM 两部分内容，建议学时为 80 课时，各使用院校可以根据实际需要进行调整。

本书由大连职业技术学院董彤、朱宇担任主编，大连职业技术学院周平、陈红娟参加了编写。其中，项目一中任务五至任务八、项目二中任务二、项目三中任务二和任务三、项目四中任务三由董彤编写，项目一中任务一至任务四、项目二中任务一、项目三中任务一、项目四中任务一由朱宇编写，项目四中任务二由陈红娟和周平编写。本书配套的教学视频、PPT 和素材源文件等学习资料由董彤制作。

由于作者水平有限，书中难免存在一些疏漏，敬请广大读者批评指正。

编 者

二维码索引

名　称	图　形	页码	名　称	图　形	页码
1-1 阶梯轴		2	1-5 键盘帽		39
1-1 强化训练		11	1-5 强化训练		44
1-2 调节螺钉		14	1-6 支架		46
1-2 强化训练		18	1-6 强化训练		50
1-3 法兰		22	1-7 壳体		53
1-3 强化训练		29	1-7 强化训练		58
1-4 拨块		33	1-8 摇臂		60
1-4 强化训练		37	1-8 强化训练		63

（续）

名　　称	图　形	页码	名　　称	图　形	页码
2-1　手动气阀装配		69	3-3　手动气阀装配图		115
2-1　强化训练		78	3-3　强化训练		127
2-2　肥皂盒		80	4-1　八卦盘加工		133
2-2　强化训练		88	4-1　强化训练		159
3-1　法兰视图布局		92	4-2　烟灰缸		161
3-1　强化训练		97	4-2　强化训练		173
3-2　法兰尺寸标注		99	4-3　孔板		176
3-2　强化训练		111	4-3　强化训练		195

目录

前言
二维码索引
项目一 零件造型设计 ··· 1
   任务一   阶梯轴的设计 ··· 2
   任务二   调节螺钉的设计 ··· 14
   任务三   法兰的设计 ··· 22
   任务四   拨块的设计 ··· 33
   任务五   键盘按键的设计 ··· 39
   任务六   支架的设计 ··· 46
   任务七   壳体的设计 ··· 53
   任务八   摇臂的设计 ··· 60
项目二 虚拟装配设计 ··· 68
   任务一   手动气阀自底向上的装配设计 ··· 69
   任务二   肥皂盒自顶向下的装配设计 ··· 80
项目三 工程图设计 ·· 91
   任务一   法兰的视图布局 ··· 92
   任务二   法兰的尺寸标注 ··· 99
   任务三   手动气阀的装配图设计 ··· 115
项目四 数控加工程序编制 ··· 132
   任务一   平面铣加工 ··· 133
   任务二   轮廓铣加工 ··· 161
   任务三   孔加工 ·· 176
参考文献 ·· 198

项目一　零件造型设计

【能力目标】

具有通过产品的设计图样，创建产品三维模型的能力。

【知识目标】

掌握计算机三维建模的基本概念和基本知识；掌握 UG NX10.0 软件的各种建模操作命令知识；掌握基于特征的建模方法。

任务一　阶梯轴的设计

创建图 1-1 所示阶梯轴的实体模型。

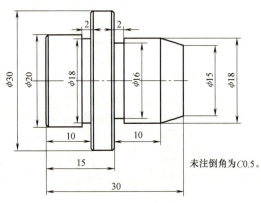

阶梯轴

图 1-1　阶梯轴零件图

一、任务分析

阶梯轴属于回转体类零件，在模型创建过程中，先通过"绘制草图"完成阶梯轴轮廓线的绘制，然后通过"旋转"完成整体的创建，最后通过"倒斜角"完成细节的创建。

二、操作步骤

1. 启动 UG NX 10.0

启动 UG NX 10.0 软件，通常显示图 1-2 所示的工作界面，如需使用早期版本的经典界面，可按照下述方法进行经典界面的设置。

单击图 1-2 所示操作界面中的"文件"按钮，出现下拉菜单，选择"首选项"→"用户界面"，弹出图 1-3 所示"用户界面首选项"对话框，按图中所示设置各个选项，然后单击"确定"按钮，即可将工作界面设置为经典界面，如图 1-4 所示。

图 1-2　工作界面

项目一　零件造型设计

图 1-3　"用户界面首选项"对话框

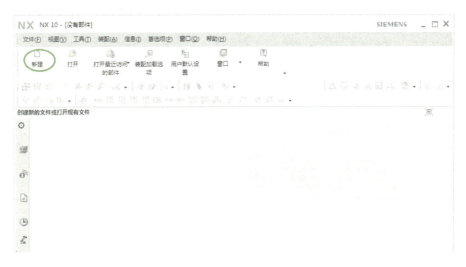

图 1-4　经典界面

2. 创建文件
单击图 1-4 所示的"新建"按钮，弹出图 1-5 所示的"新建"对话框，按图中所示设置各个选项，然后单击"确定"按钮，进入建模模块的工作界面，如图 1-6 所示。

3. 熟悉工作界面
UG NX 10.0 工作界面包括标题栏、菜单栏、工具栏、操作提示区、部件导航区、图形区、资源工具栏等，如图 1-7 所示。

4. 草图参数预设置
建模之前，可以通过"首选项"下拉菜单对各项参数进行设置，这里先只对草图进行

3

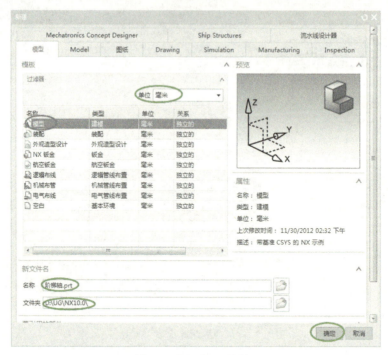

图1-5 "新建"对话框

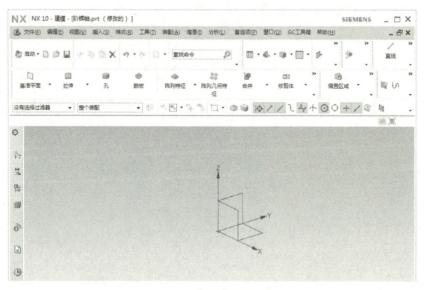

图1-6 建模模块的工作界面

设置，如图1-8所示。单击"首选项"→"草图"，弹出"草图首选项"对话框，按图1-8所示设置各选项，单击"确定"按钮即完成草图参数的预设置，为下一步的草图绘制做好准备。

5. 旋转草图成实体

单击"插入"→"设计特征"→"旋转"（或单击"特征"工具栏中的小图标），弹出

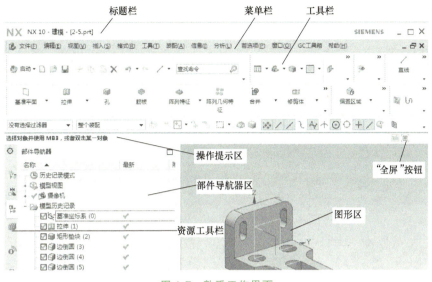

图 1-7 熟悉工作界面

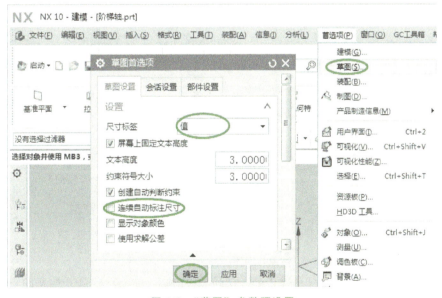

图 1-8 "草图"参数预设置

"旋转"对话框，如图 1-9 所示；选择 Y-Z 基准面作为草绘平面（图 1-10），出现图 1-11 所示的绘制草图界面。

初学 UG 的操作时，不需要太多的工具命令，所以可以关掉草图界面中的一些工具栏，以便绘图区域大一些。将鼠标指针移至工具栏的空白处并单击鼠标右键，弹出图 1-12 所示的下拉菜单；单击"定制"，弹出"定制"对话框；选择对话框中的"工具条"选项卡，关闭（取消勾选）不使用的工具栏，然后关闭"定制"对话框，即完成工具栏的定制。

还可以通过单击"草图工具"最右侧的黑色小三角，在下拉列表中添加或移除一些"草图"工具栏中的命令，如图 1-13 所示。

图1-9 选择"旋转"

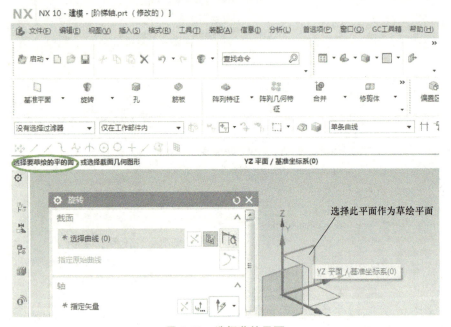

图1-10 选择草绘平面

单击"草图"工具栏中的第一个小图标 ("轮廓"命令)即可开始草绘图形。通常不需要自动标注尺寸,若在"草图首选项"中没有取消勾选"连续自动标注尺寸",需单击"草图"工具栏最右侧的一个小图标 。

绘制图1-14所示的草图(绘制草图时,绘制的草图尺寸与实际尺寸不要相差太大)。草图绘制完成后,先对其进行几何约束,单击图标 ("几何约束"命令),通过"几何约束"对话框将直线约束为水平或竖直的(绘制草图时,尽量保证直线水平或竖直)。接下来确定整个图形相对于坐标轴的位置,单击"几何约束",弹出"几何约束"对话框。如图1-15所示,先选择约束条件 ("共线"命令),再单击对话框中的"选择要约束的对象",并选中图形中的竖直线;然后单击对话框中的"选择要约束到的对象"(也可通过单击鼠标滚轮确认,或者勾选"自动选择递进"选项),并选中草图纵轴,则选中的两直线实

项目一 零件造型设计

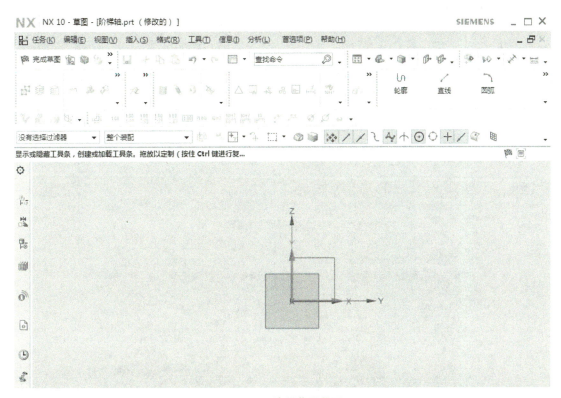

图 1-11 绘制草图界面

图 1-12 定制工具栏

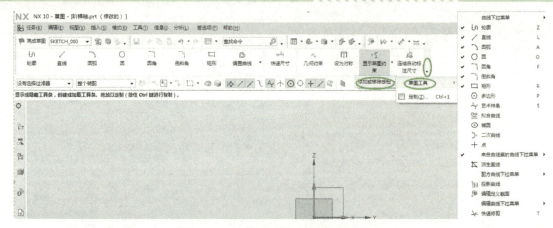

图 1-13　添加或移除工具栏中的命令

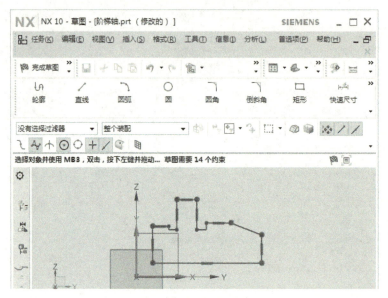

图 1-14　绘制草图

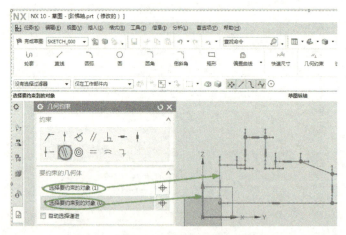

图 1-15　"共线"约束

现"共线"。通过以上操作步骤使水平直线和水平轴"共线",结果如图 1-16 所示。

几何约束结束后,对草图进行尺寸约束。单击草图工具栏中的图标 ("快速尺寸"命令),弹出"快速尺寸"对话框,按图 1-17 所示进行各选项设置和所有尺寸的标注,结果如图 1-18 所示。此时图形由原来的蓝色变为绿色,则表示此草图已完全约束了。操作提示区也将显示"草图已完全约束"。关闭"快速尺寸"对话框,结束对草图的约束。

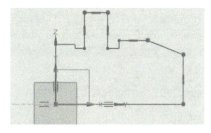

图 1-16 "共线"结果

单击 完成草图 ,回到"旋转"对话框,通过"指定矢量"(YC 轴)和"指定点"(坐标原点)确定旋转轴,其余各选项设置如图 1-19 所示,单击"确定"按钮,完成旋转操作。

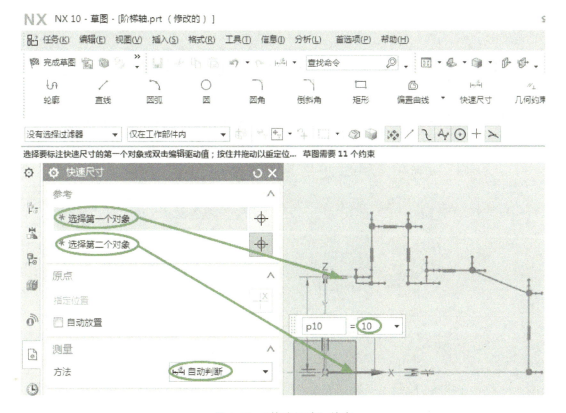

图 1-17 "快速尺寸"约束

6. 倒斜角

如图 1-20 所示,单击"特征"工具栏右侧的小三角图标,在弹出的命令选项中单击"倒圆角"右侧的小三角图标,在展开的命令选项里单击"倒斜角";弹出"倒斜角"对话框,按图 1-20 所示,依次选取需要倒斜角的边,设置偏置参数,单击"确定"按钮,完成倒斜角操作。整个阶梯轴模型创建完成,如图 1-21 所示。

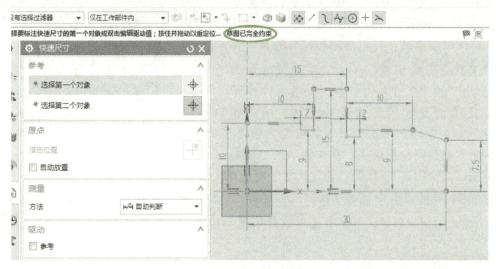

图 1-18 草图约束结果

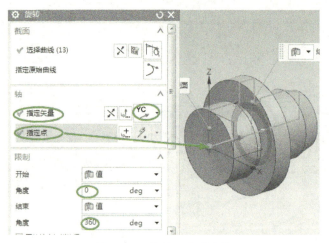

图 1-19 "旋转"生成实体

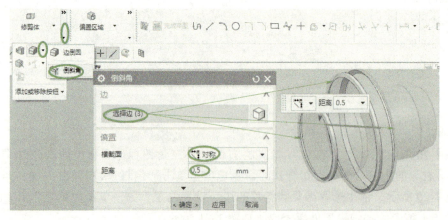

图 1-20 倒斜角

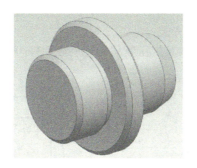

图 1-21　阶梯轴实体模型

三、强化训练

完成图 1-22 所示轴的实体建模。

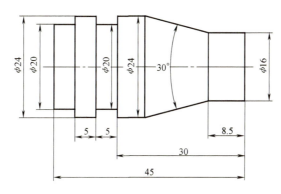

图 1-22　轴零件图

强化训练

操作提示见表 1-1。

表 1-1　操作提示（一）

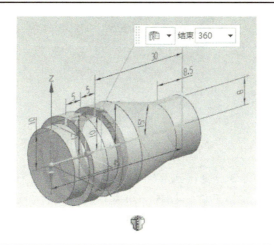

旋转草图生成实体

四、拓展训练

任务要求：完成图 1-23 所示螺旋压紧机构中件 3 和件 10 的设计，创建其实体模型。

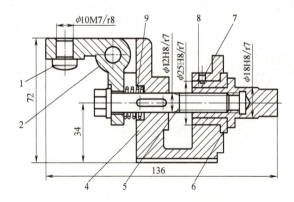
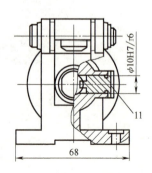
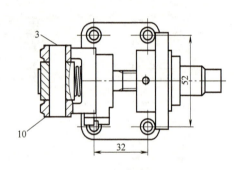

11	2-6-11	导向销	45	1
10	2-6-10			
9	2-6-9	弹簧	65Mn	1
8	2-6-8	套筒螺母	45	1
7	2-6-7	螺钉	45	1
6	2-6-6	衬套	黄铜	1
5	2-6-5	丝杠	45	1
4	2-6-4	基体	HT150	1
3	2-6-3			
2	2-6-2	杠杆	45	1
1	2-6-1	柱销	45	1
序号	图号	名称	材料	数量

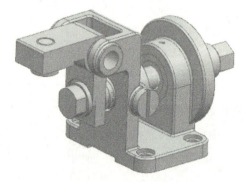

图 1-23 螺旋压紧机构

任务信息：

1. 机构工作原理

当用扳手拧动套筒螺母 8，使丝杠 5 向右移动时，由于杠杆 2 的作用，柱销 1 压住工件。弹簧 9 用来复位以放松工件，杠杆 2 与基体 4 通过件 3 形成铰链连接结构，衬套 6 通过螺钉 7 固定在基体 4 上，起到支承套筒螺母的作用，件 10 用来固定件 3 的轴向位置，导向销 11 与基体上的孔采用过盈配合，其前部凸缘嵌入丝杠的键槽中使其不能转动。

2. 相关零件的信息

图 1-24 所示为杠杆零件图，图 1-25 所示为基体零件图。

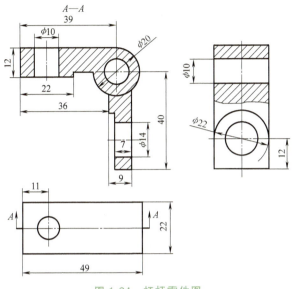

图 1-24 杠杆零件图

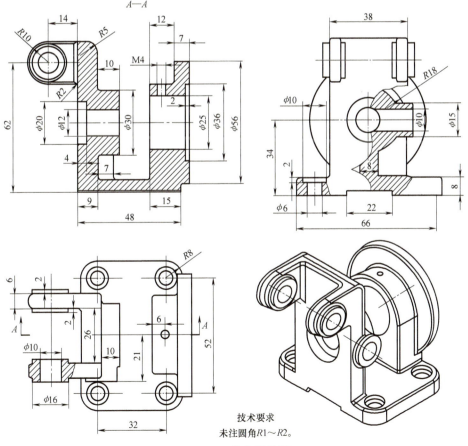

技术要求
未注圆角R1～R2。

图 1-25 基体零件图

任务二 调节螺钉的设计

完成图 1-26 所示调节螺钉的实体建模。

调节螺钉

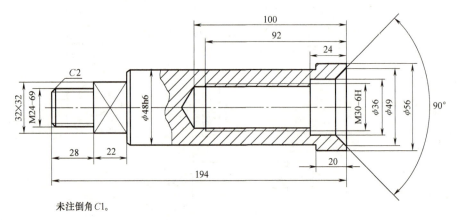

未注倒角C1。

图 1-26 调节螺钉零件图

一、任务分析

调节螺钉属于回转体类零件，其主体部分可以通过"旋转"完成；32mm×32mm 凸台可以通过"拉伸"草图和"求差"对多余部分进行修剪而生成；右端孔可以通过"简单孔"和"埋头孔"创建；端部"倒斜角"，最后一步进行攻螺纹。

二、操作步骤

1. 草图参数预设置

根据建模需要，对"草图"参数进行预设置，详见任务一。

2. "旋转"草图成实体

单击"插入"→"设计特征"→"旋转"，弹出"旋转"对话框；选择YZ基准面作为草绘平面，绘制图 1-27 所示的草图（要保证完全约束）。草图绘制完成后，单击图标 完成草图 ，返回"旋转"对话框；选择"YC轴"为旋转轴，单击"确定"按钮，完成旋转操作。生成调节螺钉主体部分的实体模型，如图 1-28 所示。

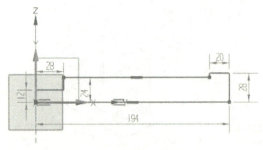

图 1-27 绘制草图

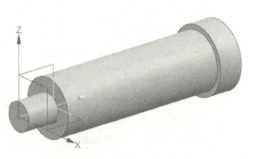

图 1-28 调节螺钉

3. 拉伸操作

单击"插入"→"设计特征"→"拉伸"（或单击"特征"工具栏中的"拉伸"按钮 ），弹出"拉伸"对话框；选择XZ基准面作为草绘平面；单击"草图"工具栏中的矩形图标 ，绘制图1-29所示矩形，并对其进行尺寸约束（此处无须完全约束）。单击 图标，返回"拉伸"对话框；如图1-30所示，选择拉伸方向为"YC"，设定拉伸"开始距离"为"0"，"结束距离"为"50"，"布尔"操作为"求差"，系统会自动选择上一步生成的实体为"求差"体（若图形中有多个实体存在，需要手动选择"求差"的体）；各选项设置完毕后，单击"确定"按钮，完成拉伸操作，结果如图1-31所示。

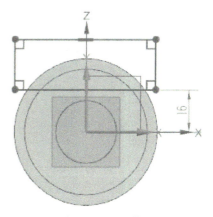

图1-29 绘制草图

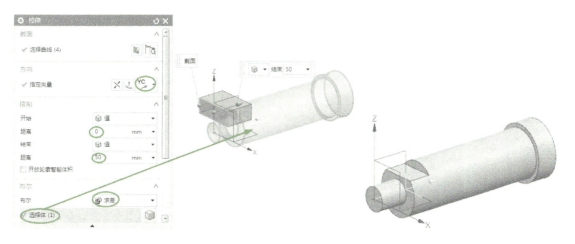

图1-30 设置"拉伸"对话框中的参数　　　　图1-31 拉伸结果

4. 阵列特征

单击"插入"→"关联复制"→"阵列特征"（或单击"特征"工具栏中的"阵列特征"按钮 ），弹出"阵列特征"对话框；如图1-32所示，选择需要阵列的特征，设置特征"布局"方式为"圆形"，指定圆形阵列"旋转轴"的指定矢量为"YC"，"指定点"为坐标原点；设置圆形阵列"数量"为"4"，"节距角"为"90°"；各参数设置完毕后单击"确定"按钮，完成阵列特征操作，结果如图1-33所示。

5. 创建孔

单击"插入"→"设计特征"→"孔"（或单击"特征"工具栏中的小图标 ），弹出"孔"对话框；如图1-34所示，分别设定孔的"类型""位置"（注意：选择圆心而不是端面，确认点的捕捉方式中捕捉圆心命令 被选中）以及"形状和尺寸"；然后单击"确定"按钮，完成"埋头孔"的创建，结果如图1-35所示。

如图1-36所示，按照以上方法完成"简单孔"的创建，结果如图1-37所示。

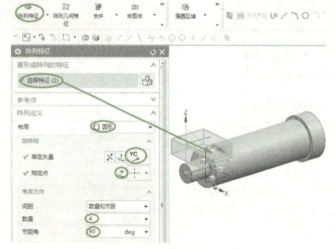
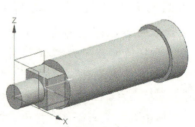

图 1-32 设置"阵列特征"参数　　　　图 1-33 阵列特征结果

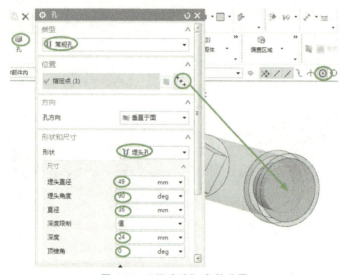

图 1-34 "埋头孔"参数设置　　　　图 1-35 "埋头孔"创建结果

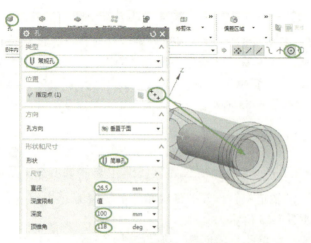
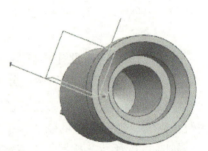

图 1-36 "简单孔"参数设置　　　　图 1-37 "简单孔"创建结果

项目一 零件造型设计

6. 倒斜角

单击"插入"→"细节特征"→"倒斜角"(或单击"特征"工具栏中的小图标 ），弹出"倒斜角"对话框；如图 1-38 所示，选取需要倒角的边，设置"偏置"参数；单击"确定"按钮，完成倒斜角操作。

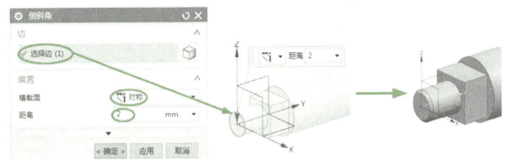

图 1-38 倒斜角

7. 创建螺纹

单击"插入"→"设计特征"→"螺纹"(或单击"特征"工具栏中的小图标 ），弹出"螺纹"对话框；如图 1-39 所示，设置螺纹参数，然后依次选择螺纹类型、螺纹放置面、螺纹起始面、确定螺纹轴方向；单击"确定"按钮，完成螺纹的创建。注意：在设计产品时，如果需要制作产品的工程图，应选择"符号"螺纹；如果需要反映产品的真实结构，则应选择"详细"螺纹。"符号"螺纹以虚线圆的形式显示在要攻螺纹的面上，"详细"螺纹比"符号"螺纹看起来更真实，但由于其几何形状的复杂性，创建和更新都需要更长的时间。

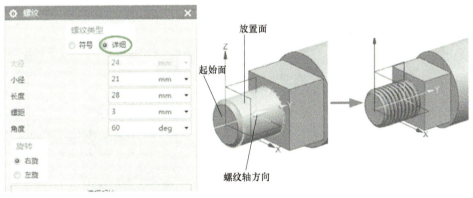

图 1-39 创建外螺纹

此零件另一端的内螺纹的创建方法同上，需要注意的是，螺纹非全螺纹，需要设置螺纹"长度"为"92"，如图 1-40 所示。

至此，调节螺钉的实体模型创建完毕，如图 1-41 所示。

三、强化训练

完成图 1-42 所示芯杆的实体建模。

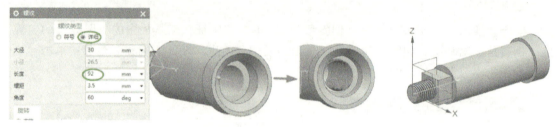

图 1-40 创建内螺纹　　　　　图 1-41 调节螺钉实体模型

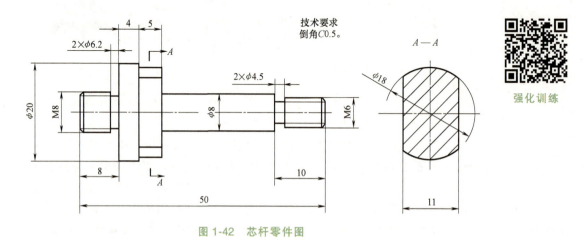

图 1-42 芯杆零件图

操作提示见表 1-2。

表 1-2 操作提示（二）

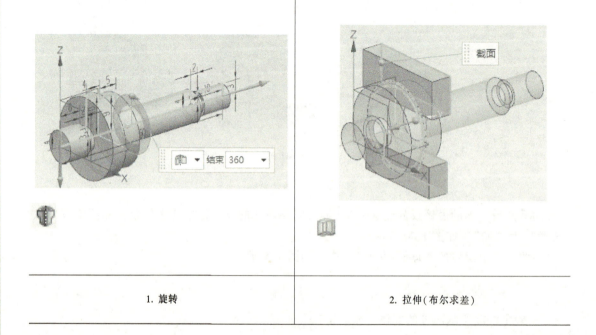

| 1. 旋转 | 2. 拉伸（布尔求差） |

（续）

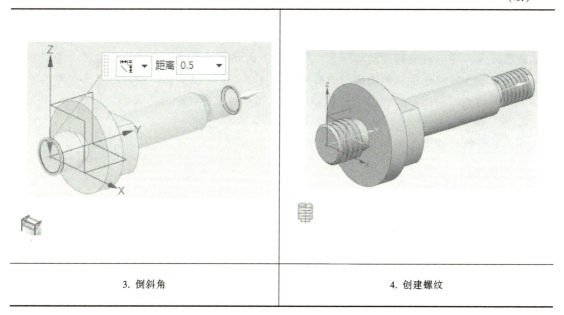

| 3. 倒斜角 | 4. 创建螺纹 |

四、拓展训练

任务要求：完成图 1-43 所示旋转开关中件 8 的设计，创建其实体模型。

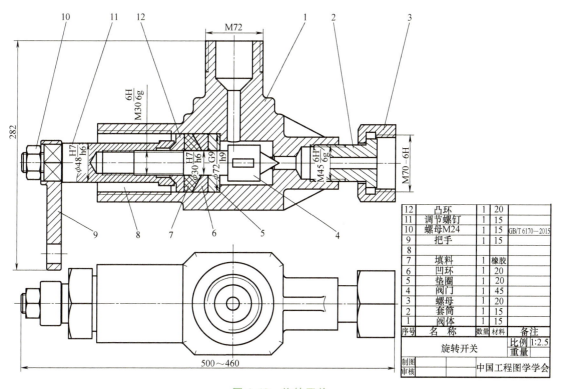

图 1-43　旋转开关

任务信息：

1. 旋转开关工作原理

旋转开关由阀体 1、阀门 4、调节螺钉 11、把手 9 等主要件组成，它安装在输送液体或气体的管路上，用以调节其流量和压力。使用时，转动把手带动调节螺钉转动，由于调节螺钉与阀门左端为螺纹连接，驱动阀门向右或向左移动，便可改变阀体腔内右边孔通路的横截面积，从而达到控制出口处（上端）管路中液、气体的流量和压力的大小。

2. 相关零件的信息

相关的零件图如图 1-44 至图 1-48 所示。

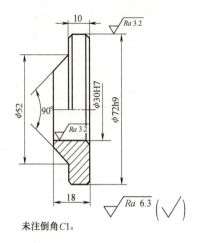

图 1-44 凸环

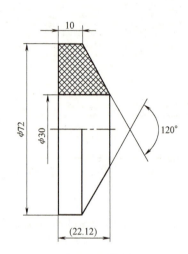

图 1-45 填料

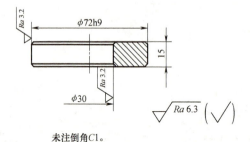

图 1-46 垫圈

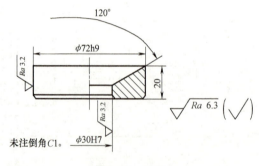

图 1-47 凹环

项目一 零件造型设计

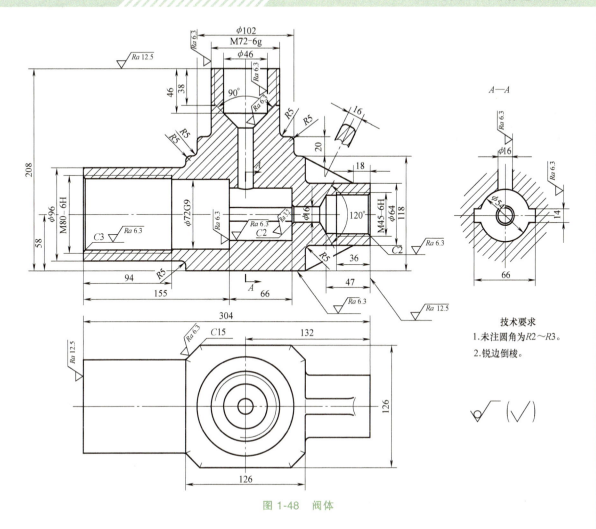

图 1-48 阀体

数字化设计与加工软件应用

任务三 法兰的设计

完成图 1-49 所示法兰的实体建模。

法兰

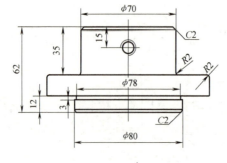

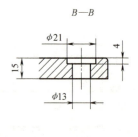

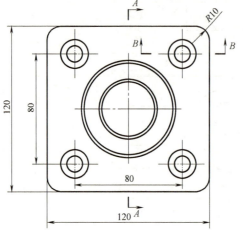

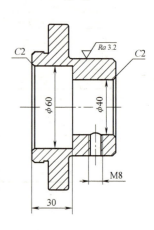

图 1-49 法兰零件图

一、任务分析

法兰的法兰座为长方体，其上、下两个圆柱体可以通过使用"凸台"命令创建；下半部分圆柱体上的退刀槽可以通过使用"槽"命令创建；法兰座孔可以通过使用"孔"和"阵列特征"命令创建；中心孔也可以通过使用"孔"命令实现；圆柱面上的螺纹孔，可以先通过使用"孔"命令打底孔，然后使用"螺纹"命令实现。

二、操作步骤

1. 创建长方体

单击"插入"→"设计特征"→"长方体"，弹出"块"对话框；如图 1-50 所示，指定长方体的"指定点"为（-60，-60，0），设置长方体尺寸，单击"确定"按钮，完成长方体的创建。

2. 创建凸台

单击"插入"→"设计特征"→"凸台"（或单击"特征"工具栏中的"凸台"按钮

项目一 零件造型设计

图 1-50 创建长方体

),弹出"凸台"对话框;如图 1-51 所示,依次选择凸台放置平面,设置凸台参数后单击"确定"按钮,弹出"定位"对话框;如图 1-52 所示,选择定位方式为 ,然后选择一条目标边后输入数值,单击"应用"按钮,再选择另一条目标边,输入数值,单击"确定"按钮,完成凸台的创建,结果如图 1-53 所示。

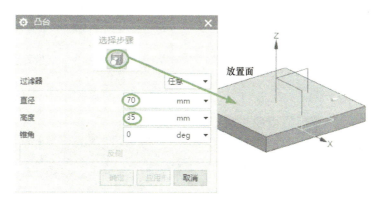

图 1-51 创建上部凸台

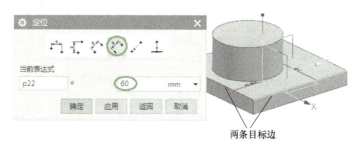

图 1-52 定位凸台

以相同的方法创建下半部分的凸台,结果如图 1-54 所示。

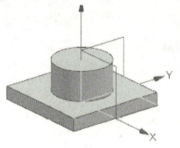
图 1-53　上部凸台创建完成

图 1-54　创建凸台完成

3. 创建槽

单击"插入"→"设计特征"→"槽"（或单击"特征"工具栏中的"槽"按钮），弹出"槽"对话框；如图 1-55 所示，选择槽的类型为"矩形"，弹出"选择放置面"对话框；如图 1-56 所示，选择凸台外圆柱面为矩形槽放置面，在弹出的对话框中输入矩形槽的尺寸，如图 1-57 所示，单击"确定"按钮后，弹出"定位槽"对话框；根据操作提示，分别选择目标边和刀具边，如图 1-58、图 1-59 所示，然后在弹出的"创建表达式"对话框中输入所选择的两条边之间的距离尺寸，如图 1-60 所示，单击"确定"按钮，完成槽的创建。

图 1-55　选择槽的类型

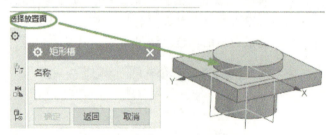
图 1-56　选择矩形槽放置面

图 1-57　设置矩形槽的尺寸

图 1-58　选择目标边

项目一 零件造型设计

图1-59 选择刀具边

图1-60 输入定位尺寸

4. 创建孔

(1) 创建中心沉头孔 单击"插入"→"设计特征"→"孔",弹出"孔"对话框;如图1-61所示,分别设定孔的类型、孔的放置位置(注意选择圆心而不是端面,确认点的捕捉方式中的图标 ⊕ 被选中)、孔的形状和尺寸大小,然后单击"确定"按钮,完成沉头孔的创建,结果如图1-62所示。

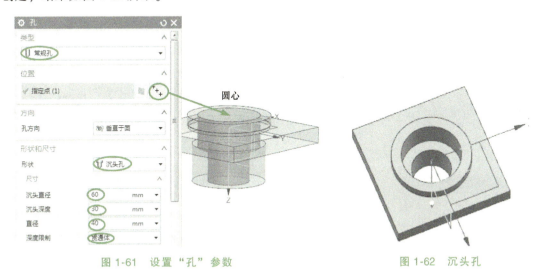

图1-61 设置"孔"参数　　图1-62 沉头孔

(2) 创建座体沉头孔 单击"插入"→"设计特征"→"孔",弹出"孔"对话框;如图1-63所示,设定孔的类型,设置孔的形状和尺寸大小,确定孔的放置位置(注意:选择长方体上表面,在沉头孔的附近位置单击),弹出"草图点"对话框;关闭"草图点"对话框(图1-64)后,单击"快速尺寸"图标,弹出"快速尺寸"对话框,如图1-65所示;分别选择水平轴和指定点作为参考对象,并在弹出的尺寸对话框中输入尺寸"20",完成点

25

的竖直位置尺寸的设置，然后按照同样的方法可以完成点的水平位置尺寸的设置，结果如图 1-66 所示；最后单击 完成草图，返回"孔"对话框，如图 1-67 所示，单击"确定"按钮，完成沉头孔的创建，结果如图 1-68 所示。

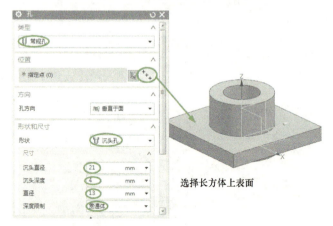

图 1-63 设置沉头孔参数

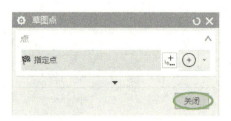

图 1-64 关闭"草图点"对话框

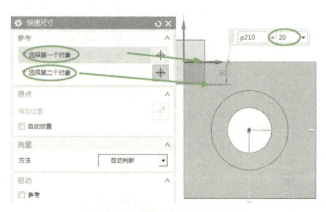

图 1-65 设置点的竖直位置尺寸

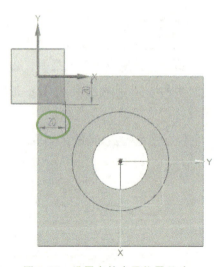

图 1-66 设置点的水平位置尺寸

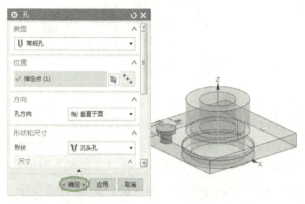

图 1-67 完成"孔"对话框设置

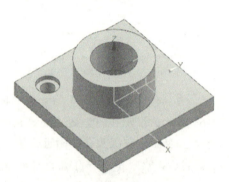

图 1-68 完成沉头孔的创建

(3) 阵列沉头孔 单击"插入"→"关联复制"→"阵列特征",弹出"阵列特征"对话框;如图 1-69 所示,依次选择需要阵列的特征(沉头孔)、特征布局方式("线性"),指定"方向 1"与"方向 2",设置阵列"数量"和"节距",最后单击"确定"按钮,完成阵列特征操作,结果如图 1-70 所示。

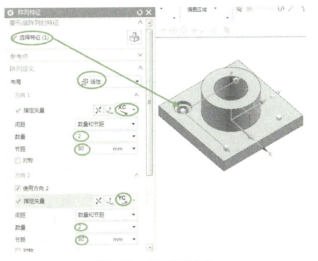
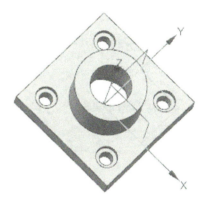

图 1-69 设置阵列参数　　　　　　　　　图 1-70 完成沉头孔的阵列

(4) 创建侧面孔 单击"插入"→"设计特征"→"孔",弹出"孔"对话框;如图 1-71 所示,分别设定孔的类型,设置孔的形状和尺寸大小,选择孔的方向,确定孔的放置位置,单击按钮，弹出"点"对话框;如图 1-72 所示,设置点坐标为(0,0,35),单击"确定"按钮,返回"孔"对话框;如图 1-73 所示,单击"确定"按钮,完成孔的创建,结果如图 1-74 所示。

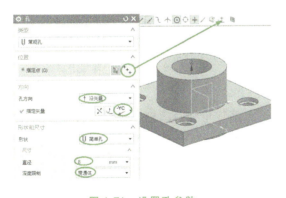

图 1-71 设置孔参数　　　　　　　　　图 1-72 设置打孔位置的点坐标

5. 创建螺纹

单击"插入"→"设计特征"→"螺纹",弹出"螺纹"对话框;如图 1-75 所示,依次选择螺纹类型和螺纹放置面,弹出图 1-76 所示对话框;选择 Z-X 基准面为螺纹起始面,单击"确定"按钮,弹出图 1-77 所示对话框;确认方向无误后,单击"确定"按钮,完成螺纹的创建,结果如图 1-78 所示。

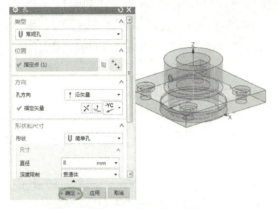

图 1-73 完成"孔"操作

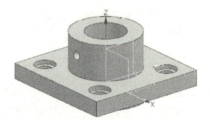

图 1-74 完成侧面孔创建

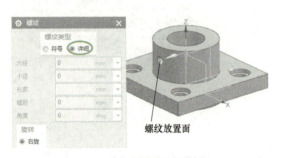

图 1-75 选择螺纹类型和放置面

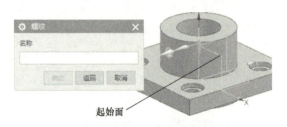

图 1-76 选择螺纹起始面

图 1-77 确认螺纹轴方向

图 1-78 完成螺纹的创建

6. 倒斜角

单击"插入"→"细节特征"→"倒斜角",弹出"倒斜角"对话框;如图 1-79 所示,依次选择需要倒角的边,设置倒角参数,单击"确定"按钮,完成倒斜角操作。

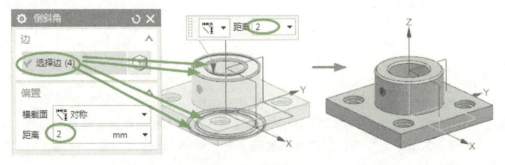

图 1-79 倒斜角

7. 边倒圆

单击"插入"→"细节特征"→"边倒圆"（或单击"特征"工具栏中的小图标 ），弹出"边倒圆"对话框；如图 1-80 所示，依次选择需要倒圆的长方体的 4 条竖边，设置倒圆半径，单击"确定"按钮，完成第一次边倒圆操作，结果如图 1-81 所示。

按照同样的方法，完成其他边倒圆，选项设定如图 1-82 所示，单击"确定"按钮，完成法兰零件的实体模型创建，结果如图 1-83 所示。

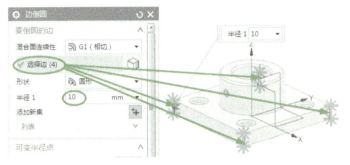

图 1-80　设置边倒圆参数

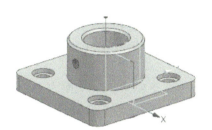

图 1-81　完成第一次边倒圆

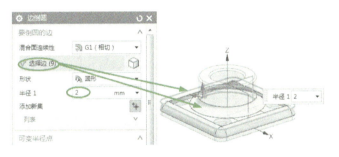

图 1-82　第二次边倒圆

图 1-83　法兰实体模型

三、强化训练

完成图 1-84 所示支撑座的实体建模。

强化训练

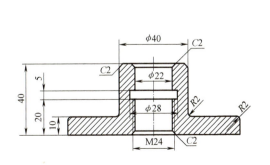
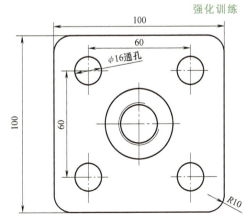

图 1-84　支撑座

操作提示见表1-3。

表1-3 操作提示(三)

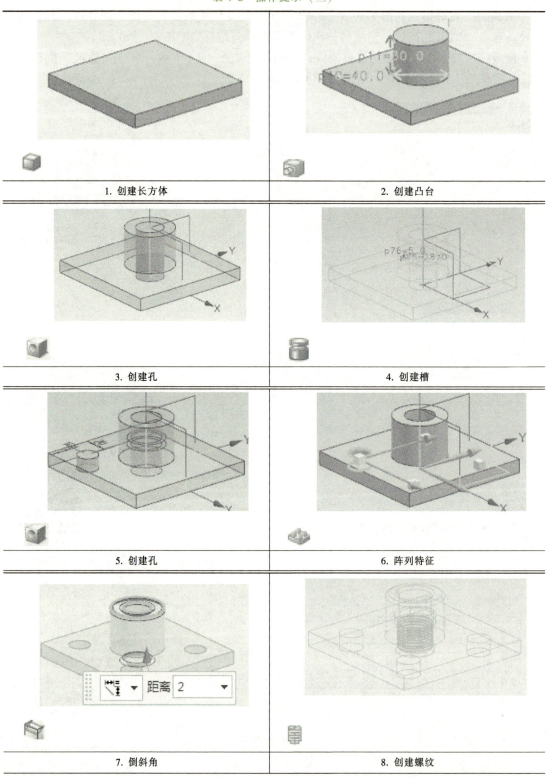

1. 创建长方体	2. 创建凸台
3. 创建孔	4. 创建槽
5. 创建孔	6. 阵列特征
7. 倒斜角	8. 创建螺纹

项目一　零件造型设计

（续）

9. 边倒圆

四、拓展训练

任务要求：完成图 1-85 所示微型调节支撑机构中件 2 的设计，创建其实体模型。

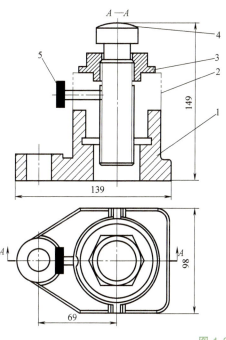
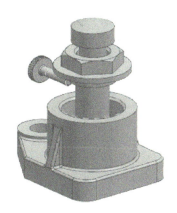

5	2-7-3	螺钉M8×36	1	45	GB/T 835—1988
4	2-7-5	支撑杆	1	45	
3	2-7-4	调节螺母	1	45	
2	2-7-2	套筒	1	45	
1	2-7-1	底座	1	ZG 230—450	
序号	图号	名称	数量	材料	备注

图 1-85　微型调节支撑机构

任务信息：

1. 机构工作原理

图 1-85 所示微型调节支撑机构用来支撑较轻的工件，并可根据需要调节其支撑高度。机构共由五个零件组成，其中套筒 2 与底座 1 通过细牙螺纹连接；带有螺纹的支撑杆 4 插入套筒 2 的圆孔中；转动带有螺孔的调节螺母 3 可使支撑杆上升或下降，以支撑工件；螺钉 5 旋进支撑杆的导向槽，使支撑杆只能做升降运动而不能做旋转运动，它还可以用来控制支撑杆上升的极限位置；调节螺母 3 下端的凸缘与套筒 2 上端的凹槽配合，以增强调节螺母转动的平稳性。

2. 相关零件的信息

相关零件的零件图如图 1-86～图 1-88 所示。

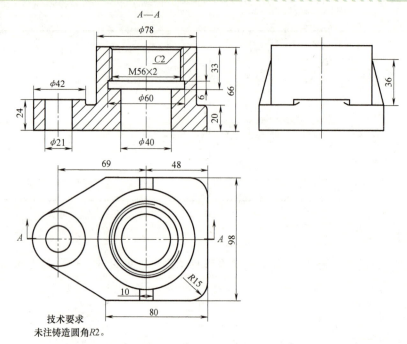

图 1-86 底座

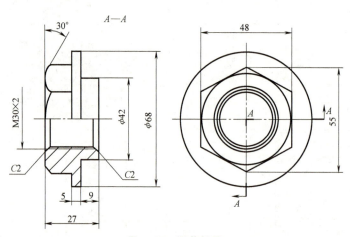

图 1-87 调节螺母

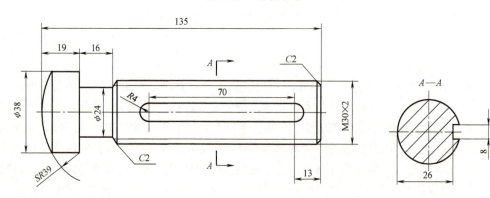

图 1-88 支撑杆

项目一 零件造型设计

任务四 拨块的设计

完成图 1-89 所示拨块的实体建模。

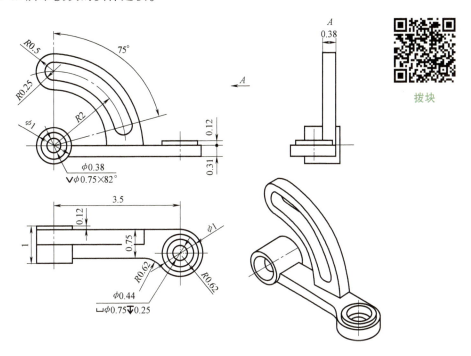

图 1-89 拨块零件图（图中尺寸单位为英寸）

一、任务分析

图 1-89 所示拨块由多种形状的结构组合而成，而且各组合体多为非规则形状，这就需要根据实际形状绘制草图，然后对草图曲线进行"拉伸"创建实体，再进行"凸台""孔"等操作。

二、操作步骤

1. 参数预设置

根据建模需要，对草图参数进行预设置，详见任务一。

2. 拉伸草图生成实体

单击"插入"→"设计特征"→"拉伸"，弹出"拉伸"对话框；选择 X-Y 基准面为草绘平面；通过"轮廓"对话框中的"直线"和"圆弧"命令，实现直线和圆弧的绘制，结果如图 1-90 所示。

通过给定几何尺寸，实现草图的完全约束，结果如图 1-91 所示。

单击 完成草图，返回"拉伸"对话框；选项设定如图 1-92 所示，单击"确定"按钮，完成拉伸操作，结果如图 1-93 所示。

数字化设计与加工软件应用

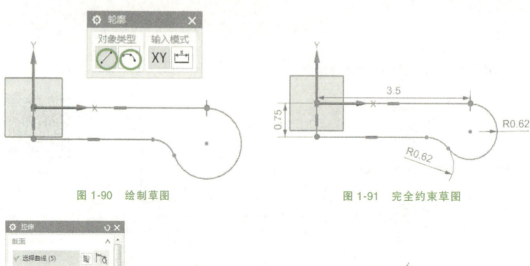

图 1-90　绘制草图　　　　　　　　图 1-91　完全约束草图

图 1-92　设置"拉伸"参数　　　　　图 1-93　拉伸操作结果

3. 创建凸台

单击"插入"→"设计特征"→"凸台",弹出"凸台"对话框;如图 1-94 所示,依次选择凸台放置平面,设置凸台参数,然后单击"确定"按钮,弹出"定位"对话框;如图 1-95 所示,选择定位方式为 ,弹出"点落在点上"对话框;如图 1-96 所示,选择目标边,弹出"设置圆弧的位置"对话框;如图 1-97 所示,选择"圆弧中心",单击"确定"按钮,完成凸台的创建,结果如图 1-98 所示。

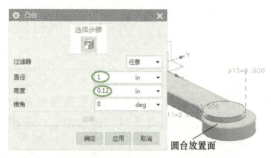　　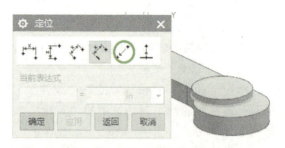

图 1-94　设置"凸台"参数　　　　　图 1-95　选择"定位"方式

4. 创建沉头孔

单击"插入"→"设计特征"→"孔",弹出"孔"对话框;如图 1-99 所示,分别设定孔

项目一 零件造型设计

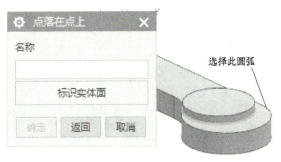

图 1-96 选择目标边

图 1-97 选择定位点

的类型和孔的放置位置（注意：选择圆心而不是端面，确认点的捕捉方式中的 ⊙ 被选中），设置孔的形状和尺寸，然后单击"确定"按钮，完成沉头孔的创建，结果如图 1-100 所示。

5. 绘制草图

单击"插入"→"在任务环境中绘制草图"，然后选择 X-Z 基准平面绘制图 1-101 所示的草图（使用"圆""圆弧""直线"命令进行绘制，通过"几何约束""快速尺寸"将草图完全约束）。

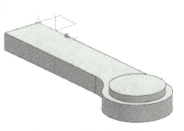

图 1-98 凸台创建完成

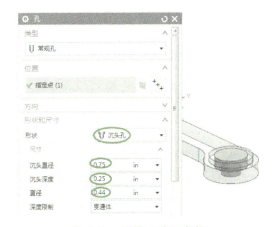

图 1-99 设置"孔"参数

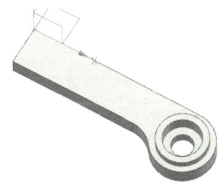

图 1-100 沉头孔

6. 拉伸草图生成实体

（1）拉伸生成圆柱体　单击"插入"→"设计特征"→"拉伸"，弹出"拉伸"对话框；选择 φ1in 圆为拉伸对象，"拉伸"对话框中的参数设置如图 1-102 所示，单击"确定"按钮，完成拉伸操作。

（2）拉伸生成支架　单击"插入"→"设计特征"→"拉伸"，弹出"拉伸"对话框；选择草图中的其余曲线为拉伸对象（注意将曲线选择类型改为"区域边界曲线"），"拉伸"对话

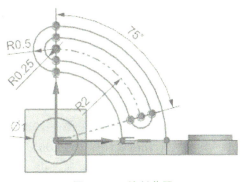

图 1-101 绘制草图

35

框中的参数设置如图 1-103 所示，单击"确定"按钮，完成拉伸操作。

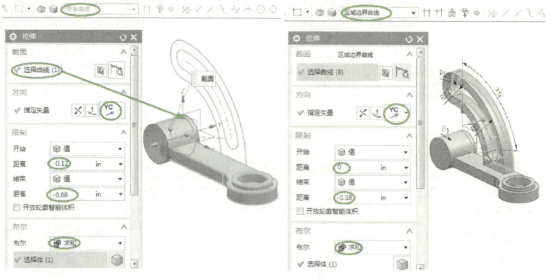

图 1-102　设置"拉伸"参数（生成圆柱体）　　图 1-103　"拉伸"参数设置（生成支架）

7. 创建埋头孔

单击"插入"→"设计特征"→"孔"，弹出"孔"对话框；如图 1-104 所示，分别设定孔的类型和孔的放置位置（注意：选择圆心而不是端面，确认点的捕捉方式中的 ⊙ 被选中），设置孔的形状和尺寸，然后单击"确定"按钮，完成埋头孔的创建，结果如图 1-105 所示。

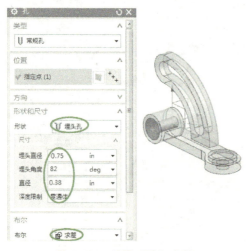 

图 1-104　设置"孔"参数　　　　　　　　图 1-105　完成埋头孔的创建

8. 图形处理

单击"编辑"→"显示和隐藏"→"隐藏"（或单击"实用工具"工具栏中的小图标 ），弹出"类选择"对话框；如图 1-106 所示，选中模型实体部分，然后单击对话框中的"反选"按钮，使所有非实体对象被选中，单击"确定"按钮，完成对非实体对象的隐藏，结果如图 1-107 所示。

项目一 零件造型设计

图 1-106 "类选择"对话框　　　　图 1-107 拨块模型实体

三、强化训练

完成图 1-108 所示杠杆的实体建模。

强化训练

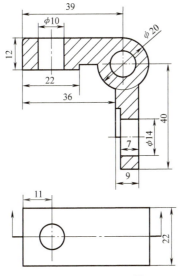

图 1-108 杠杆

操作提示见表 1-4。

表 1-4 操作提示（四）

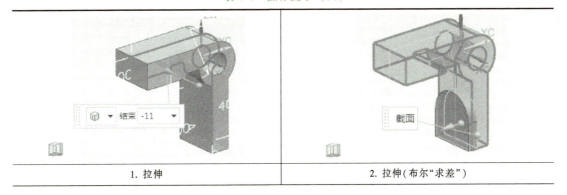

| 1. 拉伸 | 2. 拉伸(布尔"求差") |

37

（续）

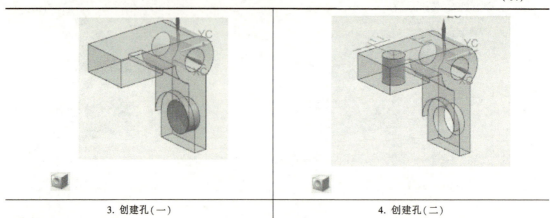

| 3. 创建孔（一） | 4. 创建孔（二） |

四、拓展训练

任务要求：图 1-109 所示为一种水枪喷头，其缺少按压手柄，试设计按压手柄的结构（尺寸自定义），创建其实体模型。

图 1-109　水枪喷头

项目一 零件造型设计

任务五 键盘按键的设计

完成图 1-110 所示键盘按键的实体建模。

键盘帽

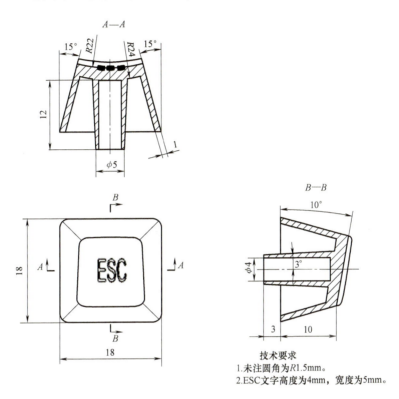

图 1-110 键盘按键零件图

技术要求
1.未注圆角为 R1.5mm。
2.ESC文字高度为4mm，宽度为5mm。

一、任务分析

键盘按键属于壳体类零件，需要先通过拉伸草图生成棱锥体，然后创建一个曲面对棱锥体进行修剪，对修剪后的棱锥体边倒圆后再进行抽壳，然后利用拉伸草图生成内部的圆柱体并在圆柱体上打孔，最后添加文字。

二、操作步骤

1. 参数预设置

根据建模需要，对草图参数进行预设置，详见任务一。

2. 拉伸草图生成棱锥体

单击"特征"工具栏中的"拉伸"按钮，弹出"拉伸"对话框，选择 X-Y 基准面为草绘平面，绘制图 1-111 所示的草图。

单击 完成草图 ，返回"拉伸"对话框；选项设定如图 1-112 所示，单击"确定"按钮，完成拉伸操作，结果如图 1-112 所示。

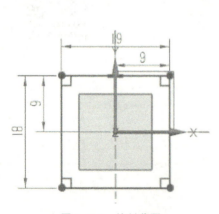

图 1-111 绘制草图

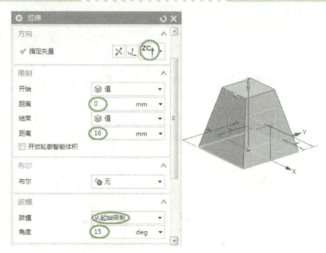

图 1-112 设置"拉伸"参数（棱锥体）

3. 绘制直线

单击"插入"→"在任务环境中绘制草图"，选择 Y-Z 基准平面绘制图 1-113 所示草图，完成后单击 完成草图 ，返回建模界面。

4. 拉伸草图生成片体

单击"特征"工具栏中的"拉伸"按钮 ，弹出"拉伸"对话框；选择 X-Z 基准面为草绘平面，绘制图 1-114 所示的草图曲线，为了方便约束草图，

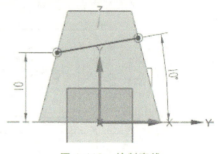

图 1-113 绘制直线

单击" 静态线框"，然后单击"插入"→"来自曲线集的曲线"→" 交点"，生成刚创建的直线与现在草绘平面的交点，此点用来约束圆弧的位置，即交点在圆弧上（此圆弧可以不进行完全约束，两端点稍超出实体边界即可）。

单击图标 完成草图 ，返回"拉伸"对话框；选项设定如图 1-115 所示，选择图 1-113 中绘制的直线为"指定矢量"，单击"确定"按钮，完成拉伸操作，生成片体。

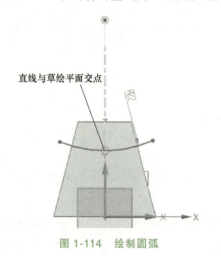

图 1-114 绘制圆弧

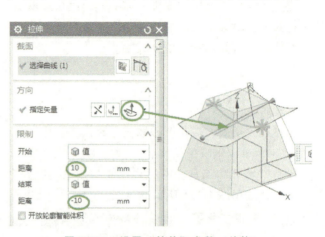

图 1-115 设置"拉伸"参数（片体）

5. 修剪体

单击"插入"→"修剪"→"修剪体"（或单击"特征"工具栏中的"修剪体"按钮），弹出"修剪体"对话框；如图 1-116 所示，分别选择要修剪的目标体和用来修剪目标体的工具，确认修剪方向无误后，单击"确定"按钮，完成修剪体操作。

使用"隐藏"命令将片体隐藏（或选中需要隐藏的片体后，按<Ctrl+B>键），结果如图 1-117 所示。

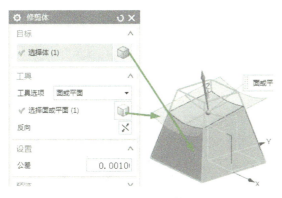

图 1-116　修剪体　　　　　　　　　图 1-117　隐藏片体

6. 边倒圆

单击"插入"→"细节特征"→"边倒圆"，弹出"边倒圆"对话框；如图 1-118 所示，依次选取需要倒圆的棱锥体的 4 条边，设置倒圆尺寸，单击"确定"按钮，完成边倒圆操作。

图 1-118　设置"边倒圆"参数

7. 抽壳

单击"插入"→"偏置/缩放"→"抽壳"（或单击"特征"工具栏中的小图标），弹出"抽壳"对话框。如图 1-119 所示，先选择需要移除的面（底面），然后展开"备选厚度"列表；如图 1-120 所示，单击"添加新集"按钮，然后选择棱锥体的侧面，输入厚度值"1"，按<Enter>键；再次单击"添加新集"按钮，然后选择棱锥体的顶面，输入厚度值"2"，按<Enter>键，最后单击"确定"按钮，完成抽壳操作，结果如图 1-121 所示。

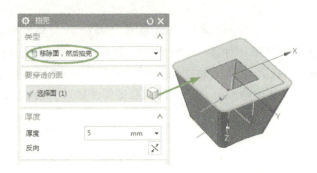

图 1-119 选择移除面

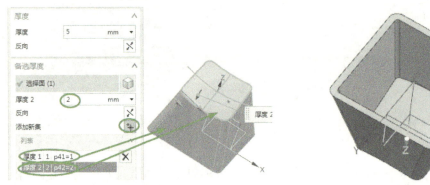

图 1-120 设置抽壳厚度

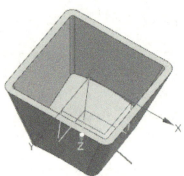

图 1-121 抽壳结果

8. 拉伸草图生成圆台

单击"特征"工具栏中的"拉伸"按钮，弹出"拉伸"对话框，选择 X-Y 基准面为草绘平面，绘制图 1-122 所示的草图。

单击 完成草图，返回"拉伸"对话框；选项设定如图 1-123 所示，单击"确定"按钮，完成拉伸操作，生成圆台。

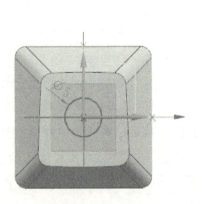

图 1-122 绘制草图

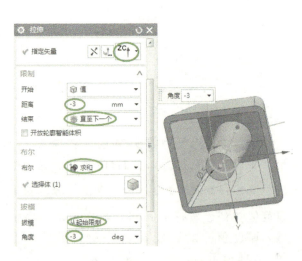

图 1-123 设置"拉伸"参数（圆台）

9. 创建孔

单击"插入"→"设计特征"→"孔",弹出"孔"对话框;如图 1-124 所示,分别设定孔的类型,设置孔的形状和尺寸,确定孔的放置位置(草图圆心),最后单击"确定"按钮,完成孔的创建,结果如图 1-125 所示。

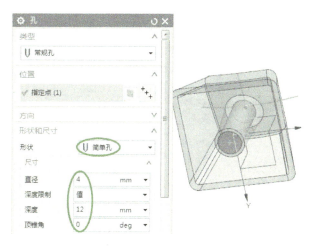

图 1-124 设置"孔"参数

10. 创建文本

单击"插入"→"曲线"→"文本"(或单击"曲线"工具栏中的小图标 A),弹出"文本"对话框;如图 1-126 所示,选择"类型"为"面上",选择棱锥体顶面为"文本放置面",选择面上的圆弧约束文本的放置位置,在"文本属性"文本框中输入"ESC",设置文本尺寸,最后单击"确定"按钮,完成文本的创建,结果如图 1-127 所示。

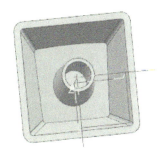

图 1-125 创建孔结果

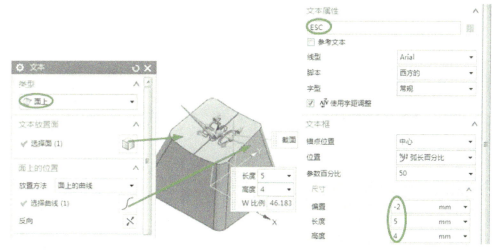

图 1-126 设置"文本"参数

11. 图形处理

选中图形中需要隐藏的对象,在弹出的快捷工具条中选择"隐藏:按钮",即完成对选中对象的隐藏,如图 1-128 所示。

图 1-127　创建文本结果　　　　图 1-128　图形处理及其结果

三、强化训练

完成图 1-129 所示杯子的实体建模。

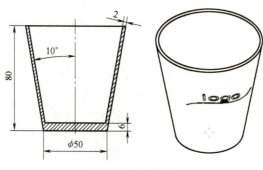

图 1-129　杯子

强化训练

操作提示见表 1-5。

表 1-5　操作提示（五）

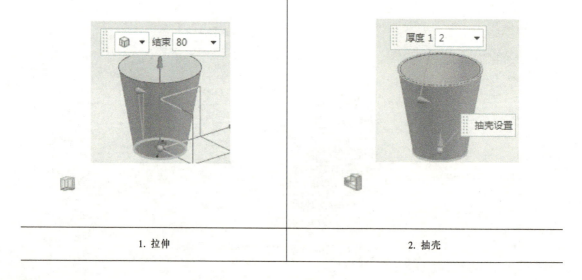

| 1. 拉伸 | 2. 抽壳 |

（续）

 A 3. 添加文本	 4. 图形处理

四、拓展训练

任务要求：自行设计一款杯子，创建其实体模型。

任务六　支架的设计

完成图1-130所示支架的实体建模。

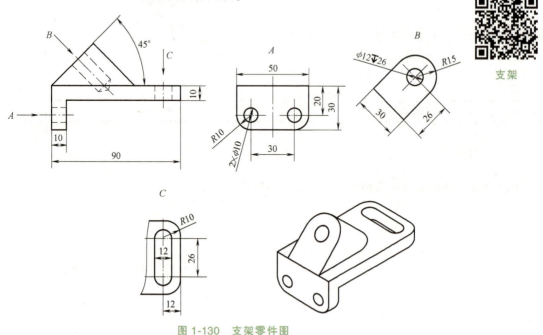

图1-130　支架零件图

一、任务分析

图1-130所示支架的主体部分可通过拉伸草图生成实体，倾斜的实体部分需要先创建基准平面，用于绘制草图及确定拉伸方向，支架上的孔可依次通过使用"孔""镜像特征""键槽"命令实现。

二、操作步骤

1. 参数预设置

根据建模需要，对草图参数进行预设置，详见任务一。

2. 拉伸草图生成实体

单击"特征"工具栏中的"拉伸"按钮，弹出"拉伸"对话框，选择Y-Z基准面作为草绘平面，绘制图1-131所示的草图。

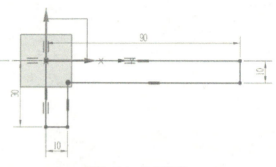

图1-131　绘制草图

单击 完成草图，返回"拉伸"对话框；如图1-132所示，设置"指定矢量"为"XC"，"结束"为"对称值"，"距离"为"25"，单击"确定"按钮，完成拉伸操作。

项目一　零件造型设计

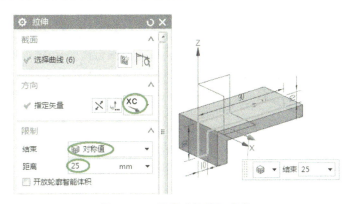

图 1-132　设置"拉伸"参数

3. 边倒圆

单击"插入"→"细节特征"→"边倒圆",弹出"边倒圆"对话框;如图 1-133 所示,依次选择需要倒圆的 4 条边,设置"半径 1"为"10",单击"确定"按钮,完成边倒圆操作。

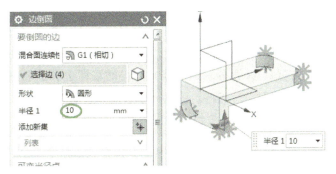

图 1-133　边倒圆

4. 创建孔

(1) 创建"简单孔"　单击"插入"→"设计特征"→"孔",弹出"孔"对话框,对话框中的参数设置如图 1-134 所示,单击"确定"按钮,完成孔的创建。

图 1-134　创建简单孔

(2)镜像孔的特征　单击"插入"→"关联复制"→"镜像特征",弹出"镜像特征"对话框;如图1-135所示,单击"选择特征",然后选择刚创建的孔,选中后单击鼠标滚轮跳转到下一步(或单击"选择平面");选择Y-Z基准面作为镜像平面,单击"确定"按钮,完成镜像特征操作,结果如图1-136所示。

图1-135　镜像特征操作

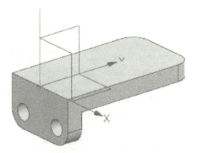

图1-136　镜像孔

5. 创建键槽

单击"插入"→"设计特征"→"键槽",弹出"键槽"对话框;如图1-137所示,点选"矩形槽",单击"确定"按钮,弹出"矩形键槽"对话框;选择图1-138所示的平面,弹出"水平参考"对话框;选择图1-139所示的边为水平参考,弹出"矩形键槽"对话框;如图1-140所示,输入键槽尺寸,单击"确定"按钮,弹出"定位"对话框;如图1-141所示,选择"垂直"定位方式,再分别选取竖直方向的目标边和工具边,输入距离值,单击"确定"按钮,返回"定位"对话框;如图1-142所示,再次选取水平方向的目标边和工具边,输入距离值,单击"确定"按钮,完成键槽的创建,结果如图1-143所示。

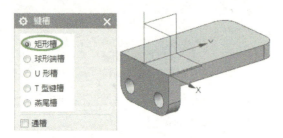

图1-137　设置键槽类型

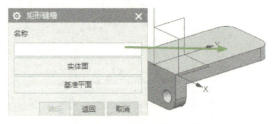

图1-138　选择键槽放置面

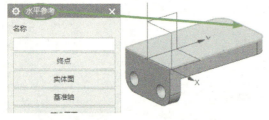

图1-139　选择水平参考

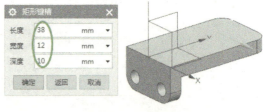

图1-140　输入键槽尺寸

6. 创建基准平面

单击"插入"→"基准/点"→"基准平面"(或单击"特征"工具栏中的小图标　),弹

图 1-141　定位竖直方向位置

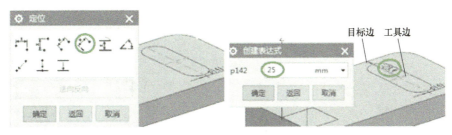

图 1-142　定位水平方向位置

出"基准平面"对话框；如图 1-144 所示，设置"类型"为"成一角度"，指定 X-Y 基准平面为"平面参考"，X 轴为"通过轴"，设置"角度"为"-45"，单击"确定"按钮，完成基准平面的创建。

图 1-143　创建键槽结果

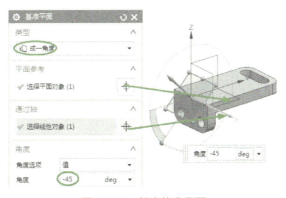

图 1-144　创建基准平面

7. 拉伸草图生成实体

单击"特征"工具栏中的"拉伸"图标，弹出"拉伸"对话框，选择在上一步骤中创建的基准平面为绘制草图的平面，绘制图 1-145 所示的草图。

单击 完成草图，返回"拉伸"对话框；如图 1-146 所示，设置"指定矢量"为"面/平面法向"，"开始"为"值"，"距离"为"0"，"结束"为"直至下一个"，"布尔"为"求和"，单击"确定"按钮，完成拉伸操作。

8. 创建孔

单击"插入"→"设计特征"→"孔"，弹出"孔"对话

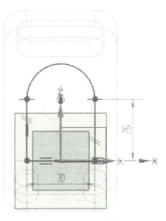

图 1-145　绘制草图

框；分别设置孔的类型、形状和尺寸，并确定孔的位置，对应的参数设置如图1-147所示；单击"确定"按钮，完成孔的创建。

9. 图形处理

单击"编辑"→"显示和隐藏"→"隐藏"，弹出"类选择"对话框；选中图形中需要隐藏的对象，单击"确定"按钮，完成对选中对象的隐藏，结果如图1-148所示。

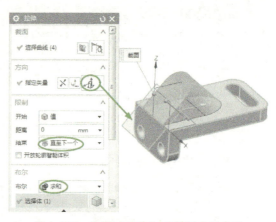

图1-146 设置"拉伸"对话框中的参数

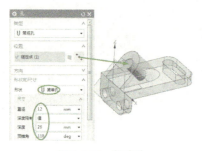

图1-147 创建孔

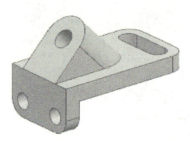

图1-148 支架模型

强化训练

三、强化训练

完成图1-149所示支座的实体建模。

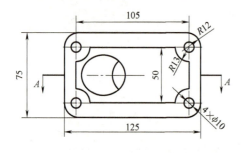

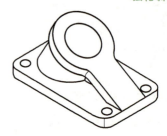

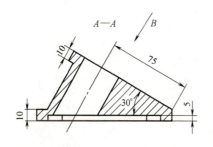

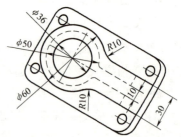

图1-149 支座

操作提示见表1-6。

表1-6 操作提示（六）

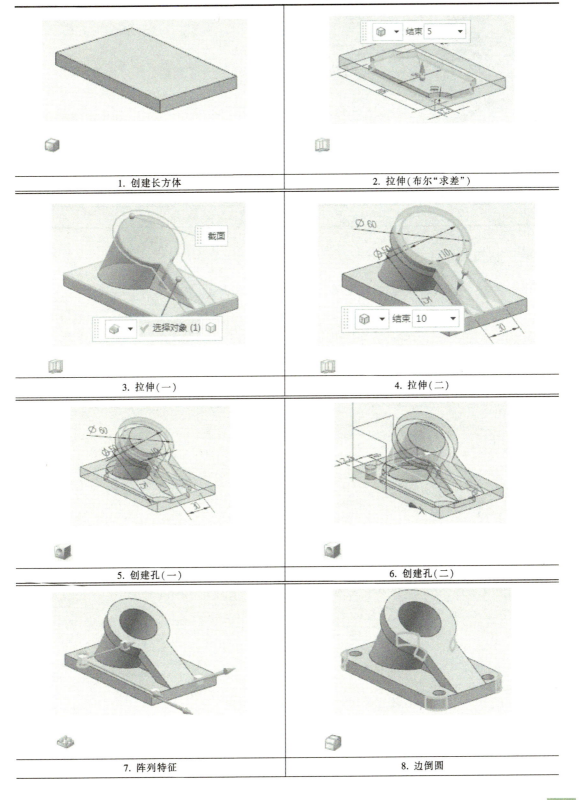

1. 创建长方体	2. 拉伸(布尔"求差")
3. 拉伸(一)	4. 拉伸(二)
5. 创建孔(一)	6. 创建孔(二)
7. 阵列特征	8. 边倒圆

（续）

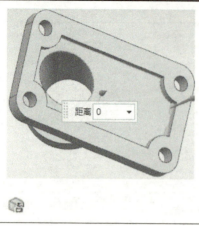 9. 替换面	

四、拓展训练

任务要求：自行设计一款手机支架，并创建其实体模型。

项目一　零件造型设计

任务七　壳体的设计

完成图 1-150 所示鼠标上盖（鼠标壳）的实体建模。

壳体

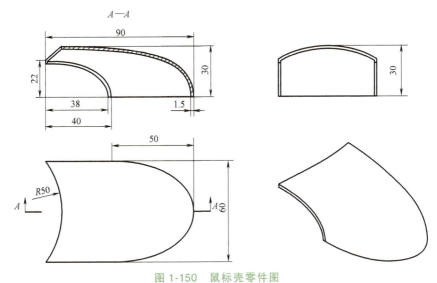

图 1-150　鼠标壳零件图

一、任务分析

零件鼠标壳属于壳体类零件，其结构是不规则的，无法直接通过拉伸或旋转草图曲线生成实体。此壳体的曲面需要通过曲面功能（"通过曲线网格"和"有界平面"命令）创建，先创建特征曲线，再由曲线生成片体，最后将片体加厚生成壳体。

二、操作步骤

1. 草图参数预设置

根据建模需要，对草图参数进行预设置，详见任务一。

2. 绘制曲线

（1）绘制 X-Y 平面的样条曲线　单击"插入"→"在任务环境中绘制草图"，选择 X-Y 基准平面绘制图 1-151 所示的草图，然后将绘制的矩形转换为参考线（选中矩形，在弹出的快捷工具条中单击"转换为参考线"按钮），如图 1-152 所示。

单击"插入"→"曲线"→"艺术样条"（或单击"草图"工具栏中的小图标），弹出"艺术样条"对话框；点选 4 个点，绘制大致曲线轮廓，如图 1-153 所示；打开"约束"选项组，分别点选"点 1"及"点 4"，再设置"连续类型"为"G1（相切）"，如图 1-154 所示；在不退出当前对话框的

图 1-151　绘制矩形

53

情况下,单击"分析"→"曲线"→"显示曲率梳",通过移动曲线上的点来辅助调整曲线的形状,结果如图 1-155 所示。(注意:应先退出"曲率梳",然后再单击"艺术样条"对话框中的"确定"按钮,完成草图绘制。)

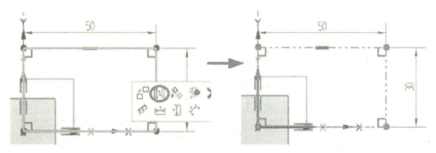

图 1-152 转换为参考线

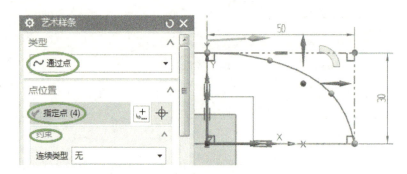

图 1-153 绘制样条曲线(一)

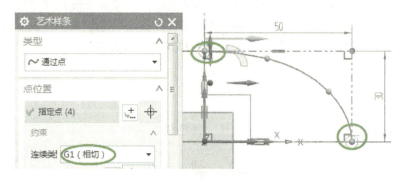

图 1-154 给定点的约束关系

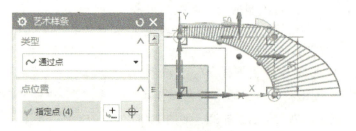

图 1-155 调整曲率

(2) 绘制 X-Z 平面偏置面的样条曲线 单击"插入"→"基准/点"→"基准平面",弹出

"基准平面"对话框;选项设定如图 1-156 所示,选中 X-Z 平面为"平面参考",单击"确定"按钮,完成基准平面创建。用与上一步骤相同的方法在新创建的基准平面上绘制一条样条曲线,结果如图 1-157 所示。

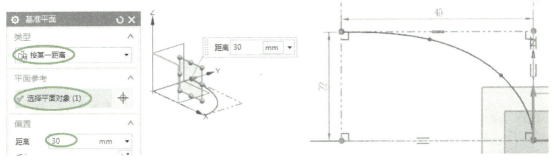

图 1-156 创建基准平面(一)　　　　　图 1-157 绘制样条曲线(二)

单击"插入"→"来自曲线集的曲线"→"偏置曲线"(或单击"草图"工具栏中的小图标），弹出"偏置曲线"对话框;选择刚创建的样条曲线为"要偏置的曲线",设定偏置距离为"2",单击"确定"按钮,完成曲线的偏置,如图 1-158 所示。

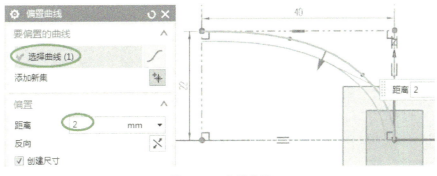

图 1-158 偏置曲线

使用"直线"命令将两条样条曲线的端点连接起来,形成封闭的曲线串。

(3) 绘制 X-Y 平面的圆形曲线　将 X-Y 基准面作为草绘平面,绘制一个直径为 100mm 的圆形,如图 1-159 所示。

(4) 绘制 X-Z 平面的直线和样条曲线　选择 X-Z 基准面为草绘平面,绘制一条直线和一条样条曲线,如图 1-160 所示。

(5) 创建 Y-Z 平面偏置面的样条曲线　单击"插入"→"基准/点"→"基准平面",弹出"基准平面"对话框;选项设定如图 1-161 所示,选择 Y-Z 平面为"平面参考",单击"确定"按钮,创建新的基准平面。在新创建的基准平面上绘制一条样条曲线,如图 1-162 所示。

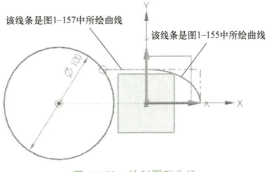

图 1-159 绘制圆形曲线

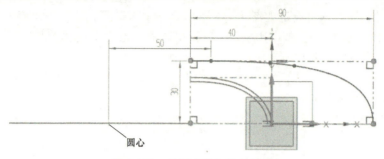

图 1-160　绘制直线和样条曲线

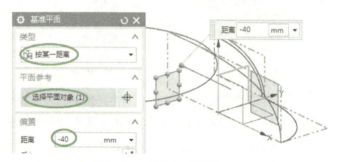

图 1-161　创建基准平面（二）

将所有矩形参考线隐藏后，图形如图 1-163 所示。

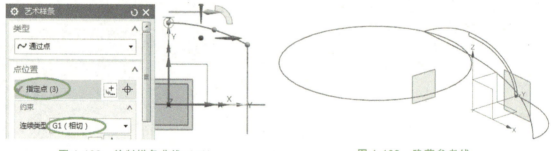

图 1-162　绘制样条曲线（三）　　　　　图 1-163　隐藏参考线

（6）镜像曲线　单击"插入"→"派生曲线"→"镜像"，弹出"镜像曲线"对话框；如图 1-164 所示，选择需要镜像的曲线，选择 X-Z 基准面为镜像平面，设置"输入曲线"为"保留"，单击"确定"按钮，完成曲线的镜像操作，结果如图 1-165 所示。

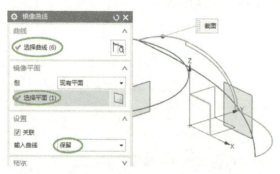
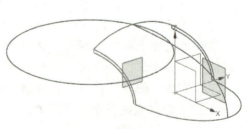

图 1-164　设置"镜像曲线"对话框中的参数　　　图 1-165　镜像曲线结果

3. 创建曲面

单击"插入"→"网格曲面"→"通过曲线网格",弹出"通过曲线网格"对话框;如图1-166所示,依次选取三条"主曲线"和两条"交叉曲线",每选中一条曲线,单击鼠标中键进行确认(注意:曲线矢量方向必须相同);预览结果,确认无误后单击"确定"按钮,完成曲面的创建。

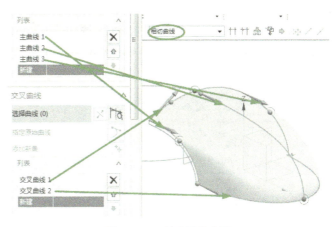

图1-166 创建网格曲面

4. 创建有界平面

单击"插入"→"曲面"→"有界平面",弹出"有界平面"对话框;如图1-167所示,分别选择侧面的四条曲线作为有界平面的四条边线,单击"确定"按钮,完成创建有界平面。以同样的方法完成另一侧面的创建,结果如图1-168所示。

图1-167 创建有界平面

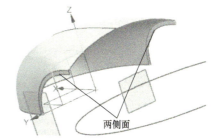

图1-168 创建两侧面

5. 缝合片体

单击"插入"→"组合"→"缝合",弹出"缝合"对话框;如图1-169所示,依次选择需要缝合的三个片体,单击"确定"按钮,完成片体的缝合操作。

6. 加厚片体

单击"插入"→"偏置/缩放"→"加厚",弹出"加厚"对话框;如图1-170所示,选择需要加厚的片体,设置"偏置1"为"1.5"mm,偏置方向指向内侧,单击"确定"按钮,完成加厚片体操作。

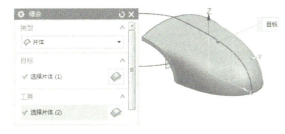

图1-169 缝合片体

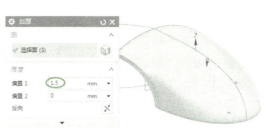

图1-170 加厚片体

7. 修剪实体

单击"特征"工具栏中的"拉伸"按钮，弹出"拉伸"对话框；选项设置如图 1-171 所示，选择 X-Y 基准面中的圆形草图为拉伸曲线，单击"确定"按钮，完成拉伸操作，实现对实体的修剪。

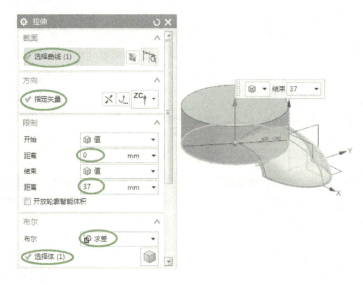

图 1-171 修剪实体

8. 图形处理

单击"编辑"→"显示和隐藏"→"隐藏"（或单击"实用工具"工具栏中的小图标），弹出"类选择"对话框；选中图形中需要隐藏的对象（也可以通过反选的方式快速选择），单击"确定"按钮，完成对选中对象的隐藏，结果如图 1-172 所示。

图 1-172 鼠标上盖模型

三、强化训练

完成图 1-173 所示肥皂的实体建模。

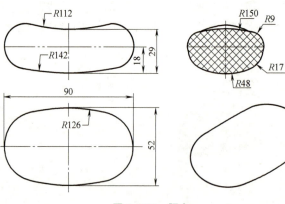

图 1-173 肥皂

强化训练

操作提示见表1-7。

表 1-7 操作提示（七）

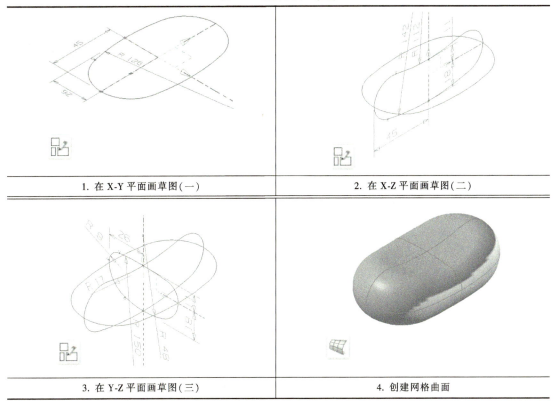

四、拓展训练

任务要求：创建图1-174所示瓶子的实体模型，自定义尺寸。

图 1-174 瓶子

任务八 摇臂的设计

完成图 1-175 所示摇臂的实体建模。

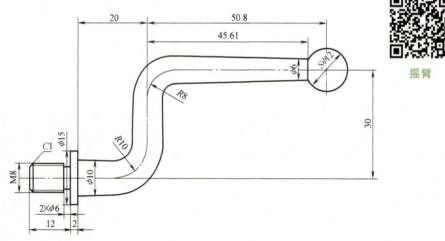

图 1-175 摇臂零件图

一、任务分析

摇臂可分解为三部分：连接螺纹、摇柄和圆球。其中摇柄是个不规则的回转体，回转轴非直线，无法通过"旋转"命令创建，但摇柄截面曲线为已知的圆形，形成摇柄的整个引导线串也已知，这样的特征可以通过"扫掠"创建。连接螺纹和圆球两部分可以分别通过"旋转"和"球"命令进行创建。

二、操作步骤

1. 参数预设置

根据建模需要，对草图参数进行预设置，详见任务一。

2. 旋转草图生成实体

单击"插入"→"设计特征"→"旋转"（或单击"特征"工具栏中的小图标 ），弹出"旋转"对话框；选择 X-Z 基准面为草绘平面，绘制图 1-176 所示的草图；单击 完成草图，回到"旋转"对话框；通过"指定矢量"（XC 轴）和"指定点"（坐标原点）确定旋转轴，其余各选项设置如图 1-177 所示，单击"确定"按钮，完成旋转操作。

3. 创建螺纹

单击"插入"→"设计特征"→"螺纹"，弹出"螺纹"对话框；如图 1-178

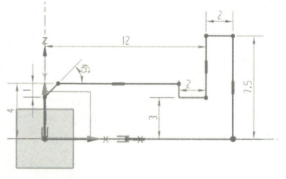

图 1-176 绘制草图

所示,依次选择螺纹的类型、放置面和起始面,确定螺纹轴方向,单击"确定"按钮,完成螺纹的创建。

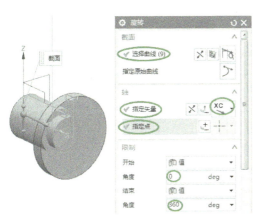
图 1-177 设置"旋转"对话框中的参数

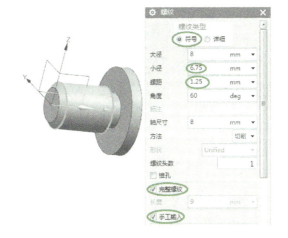
图 1-178 创建螺纹

4. 绘制引导线串和截面线串草图

(1) 绘制引导线串　单击"插入"→"在任务环境中绘制草图",选择 X-Z 基准平面为草绘平面,绘制图 1-179 所示的草图。

(2) 绘制截面线串 1　单击"插入"→"在任务环境中绘制草图",选择生成的实体右端面为基准平面,绘制图 1-180 所示的草图。

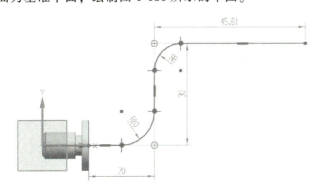
图 1-179 绘制引导线串

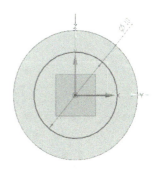
图 1-180 绘制截面线串 1

(3) 绘制截面线串 2　单击"插入"→"在任务环境中绘制草图",弹出"创建草图"对话框;如图 1-181 所示,设置"草图类型"为"基于路径",在"路径"端点处创建草绘平面,并选择 Y 轴为草图的水平参考方向,单击"确定"按钮,绘制图 1-182 所示的草图。

5. 扫掠

单击"插入"→"扫掠"→"扫掠",弹出"扫掠"对话框;如图 1-183 所示,依次选择两条截面线串和一条引导线串,"插值"方式选择"线性",单击"确定"按钮,完成扫掠操作。注意:必须保证两截面线串的方向一致,否则会导致扫掠曲面变形。

61

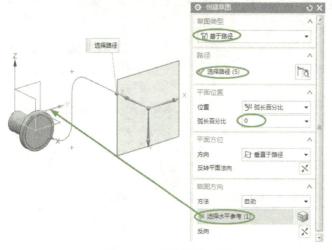

图 1-181 创建草绘平面　　　　图 1-182 绘制截面线串 2

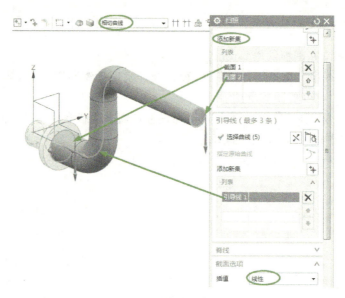

图 1-183 创建扫掠曲面

6. 创建球体

单击"插入"→"设计特征"→"球",弹出"球"对话框;如图 1-184 所示,给定圆心位

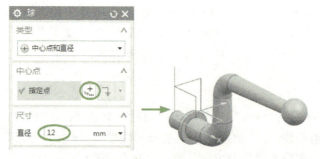

图 1-184 创建球体

置坐标（84.8，0，30），设置"直径"为"12"mm，单击"确定"按钮，完成球体的创建。

7. 合并

单击"插入"→"组合"→"合并"（或单击"特征"工具栏中的小图标 ），弹出"合并"对话框；如图 1-185 所示，依次选择"目标"和"工具"，单击"确定"按钮，完成合并操作。

8. 图形处理

单击"编辑"→"显示和隐藏"→"隐藏"，弹出"类选择"对话框；选中图形中需要隐藏的对象单击"确定"按钮，完成对选中对象的隐藏，结果如图 1-186 所示。

图 1-185 合并

图 1-186 摇臂模型

三、强化训练

完成图 1-187 所示吊钩的实体建模。

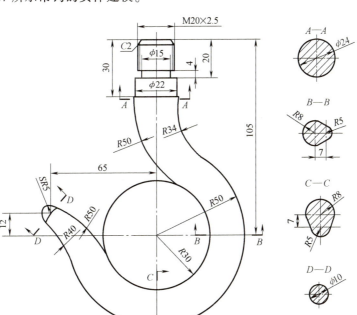

图 1-187 吊钩零件图

强化训练

操作提示见表 1-8。

表 1-8　操作提示（八）

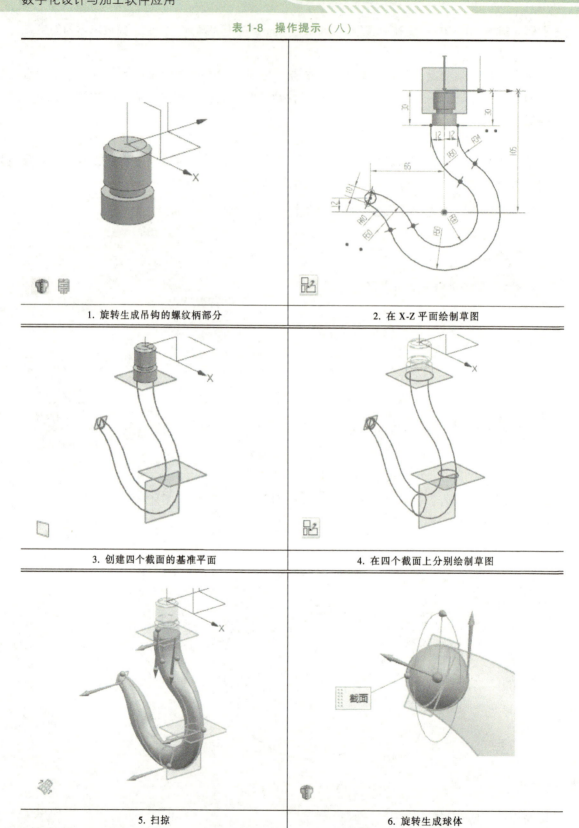

(续)

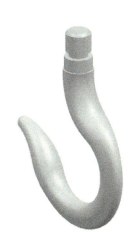

7. 求和并做图形处理

四、拓展训练

任务要求：试着用不同的方法创建图 1-174 所示瓶子和图 1-187 所示吊钩的实体模型（瓶子改用"扫掠"创建，吊钩改用"通过曲线网格"创建），分析并比较两种方法各自的特点。

【思政育人】

在《厉害了，我的国》这部影片中将党的十八大以来中国的发展和成就，以及十九大报告中习近平总书记提出的中国特色社会主义进入新时代这一重大论述，以纪录片的形式首次呈现在大银幕上。每个中国人看完这部影片后都会心潮澎湃，都会被中国力量所深深震撼。今天在中国吸引着世界的关注，中国实现了从"站起来"到"富起来"再到"强起来"的历史性飞跃，成为了一个响当当的世界大国，我们以身为中国人而感到骄傲！图 1-88 所示为影片中提到的我国已取得的伟大成就。

图 1-188 所示成就的取得显示出我国科技之强大，而这些科技中就包含了数字化设计与制造技术。数字化设计与制造技术是指利用计算机软件、硬件及网络环境，通过产品数据模型的建立，模拟产品的设计、分析、装配、制造等产品开发全过程。如今，数字化设计与制造技术已广泛应用于航空航天、汽车、造船、模具、通用机械、电子等工业领域。本书介绍的 UG NX 软件即是一款集 CAD/CAE/CAM 于一体的三维数字化设计与制造软件，应用非常广泛。图 1-189 所示的飞机整机及其起落架的三维模型都是通过 UG NX 软件进行数字化设计的。

射电望远镜 FAST

蓝鲸 2 号

墨子号

山东舰

国产飞机 C919

复兴号

天宫二号

图 1-188　我国取得的伟大成就

项目一　零件造型设计

飞机整机三维模型

飞机起落架三维模型

图 1-189　飞机整机及其起落架三维模型

UG NX 软件强大的建模功能，能实现任何产品的设计需求。同学们需要掌握这款软件的操作方法，利用这个强有力的设计工具，为我们的强国之路添砖加瓦，实现科技报国的远大理想。

项目二 虚拟装配设计

【能力目标】

具有将产品自底向上和自顶向下的装配设计能力。

【知识目标】

掌握计算机虚拟装配设计的基本概念和基本知识；掌握 UG NX10.0 软件的各种装配操作命令；掌握自底向上和自顶向下的装配设计方法。

项目二　虚拟装配设计

任务一　手动气阀自底向上的装配设计

完成图 2-1 所示手动气阀的装配设计（各组件模型已创建完毕）。

手动气阀装配

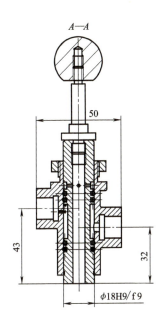
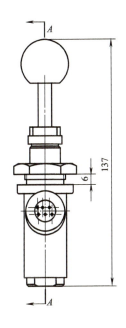

图 2-1　手动气阀零件图

一、任务分析

手动气阀各组件模型已创建完成，因此，此处可采用自底向上的装配设计方法进行手动气阀的装配，并给定各组件间装配约束的关系。

二、操作步骤

1. 建立装配文件

单击"文件"→"新建"，打开"新建"对话框；输入"名称"为"手动气阀_asm1.prt"，其他选项设定如图 2-2 所示，单击"确定"按钮，完成装配文件的创建。

2. 调入基础件

（1）添加气阀杆组件　如图 2-3 所示，在弹出的"添加组件"对话框中单击"打开"，弹出"部件名"对话框；选择气阀杆模型文件"2-1-06.prt"，单击"OK"按钮，弹出"组件预览"窗口；如图 2-4 所示，设置"定位"为"绝对原点"，"引用集"为"模型（"MODEL"）"，"图层选项"为"原始的"，最后单击"确定"按钮，将气阀杆模型文件添加到装配文件中。

69

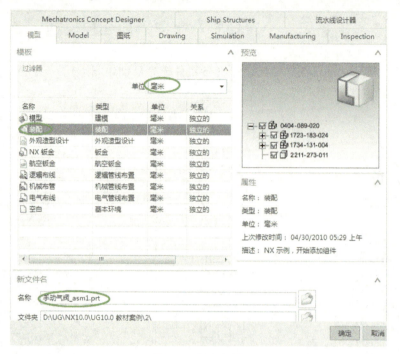

图 2-2　新建文件

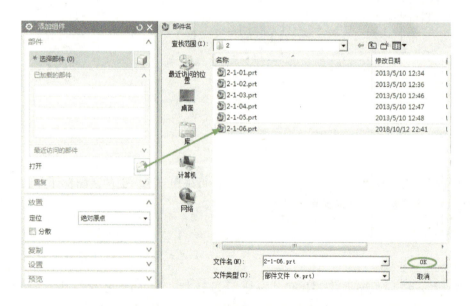

图 2-3　添加气阀杆模型文件

（2）重新定位气阀杆　用鼠标右键单击气阀杆模型实体，在弹出的快捷菜单中选中"移动"，如图 2-5 所示；在弹出的"移动组件"对话框中设置"运动"为"角度"，"指定矢量"为"-YC"，"指定轴点"为右端面圆心，设置旋转"角度"为"90°"，单击"确定"按钮，完成移动组件操作，使原来横向放置的气阀杆竖立起来，如图 2-6 所示。至此，第一个零件（气阀杆）组装完成，后面要装配的所有零件都将以它为基准进行组装。

项目二 虚拟装配设计

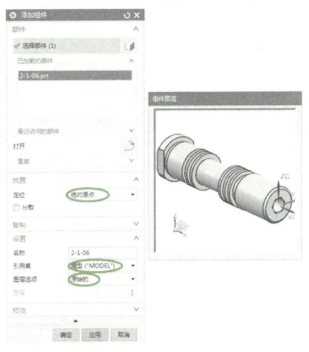

图 2-4 设置"添加组件"对话框中的参数

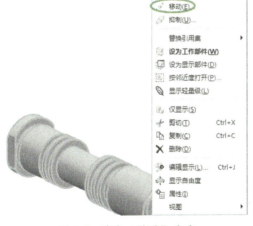

图 2-5 选中"移动"命令

图 2-6 设置移动方式及参数

3. 装配四个密封圈

单击"装配"→"组件"→"添加组件"（或单击"装配"工具栏中的小图标 ），弹出"添加组件"对话框。按照添加气阀杆的方法添加密封圈模型文件"2-1-05.prt"；相应的参数设置如图2-7所示，单击"确定"按钮，弹出"装配约束"对话框；如图2-8a所示，设置"类型"为"接触对齐"，"方位"为"自动判断中心/轴"，选择"组件预览"窗口中密封圈的ZC轴，再选择气阀杆上任意一圆柱面，单击"应用"按钮使气阀杆和密封圈同轴；如图2-8b所示将"类型"设置为"中心"，"子类型"为"1 对 2"，"轴向几何元素"为

71

"使用几何体",选择"组件预览"窗口中密封圈的XC轴,再分别选择气阀杆上任意一沟槽的上、下两个面,单击"确定"按钮,完成密封圈的安装。用同样的方法完成其余三个密封圈的安装,结果如图2-9所示。

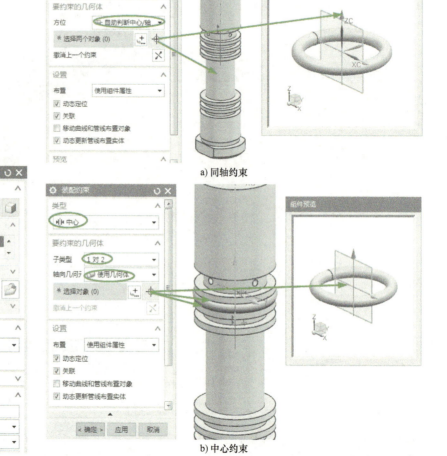

图2-7 添加密封圈模型文件　　　图2-8 密封圈的装配约束

4. 装配阀体

按照添加密封圈的方法添加阀体模型文件"2-1-04.prt";"添加组件"对话框中的参数设置如图2-10所示,单击"确定"按钮,弹出"装配约束"对话框;如图2-11a所示,设置"类型"为"接触对齐","方位"为"接触",选择"组件预览"窗口中阀体的下底面,再选择气阀杆底座的上端面,单击"应用"按钮使其对齐;如图2-11b所示,将"方位"设置为"自动判断中心/轴",选择"组件预览"窗口中阀体的内孔,再选择气阀杆的外圆表面,单击"应用"按钮使其同轴;如图2-11c所示,将"类型"设置为"平行",选择"组件预览"窗口中阀体的侧端面,再选择气阀杆底座的侧面,单击"应用"按钮使其平行;最后单击"确定"按钮,完成阀体的安装,结果如图2-12所示。

项目二　虚拟装配设计

图 2-9　密封圈装配效果图

图 2-10　添加阀体模型文件

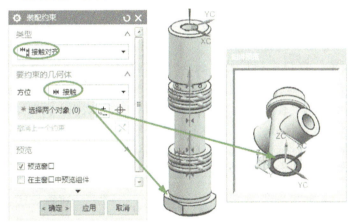

a) 接触约束

b) 同轴约束

图 2-11　阀体的装配约束

73

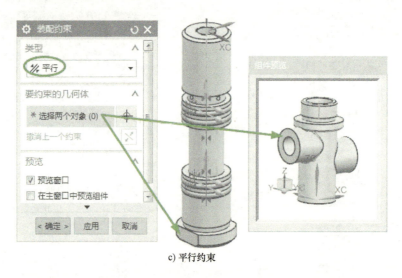

c) 平行约束

图 2-11　阀体的装配约束（续）

5. 装配螺母

按照添加阀体的方法添加螺母模型文件"2-1-03.prt"；相关的参数设置如图 2-13 所示，单击"确定"按钮，弹出"装配约束"对话框；如图 2-14a 所示，设置"类型"为"距离"，选择"组件预览"窗口中螺母的下表面，再选择阀体上表面，输入"距离"值为"6"，单击"应用"按钮；如图 2-14b 所示，将"类型"设置为"接触对齐"，"方位"为"自动判断中心/轴"，选择"组件预览"窗口中螺母的螺纹孔表面，再选择阀体上的外圆表面，单击"应用"按钮使其同轴；如图 2-14c 所示，将"类型"设置为"平行"，选择"组件预览"窗口中螺母的一个侧面，再选择阀体的一个侧端面，单击"应用"按钮使其平行；最后单击"确定"按钮，完成螺母的安装，结果如图 2-15 所示。

图 2-12　阀体装配效果图

图 2-13　添加螺母模型文件

项目二 虚拟装配设计

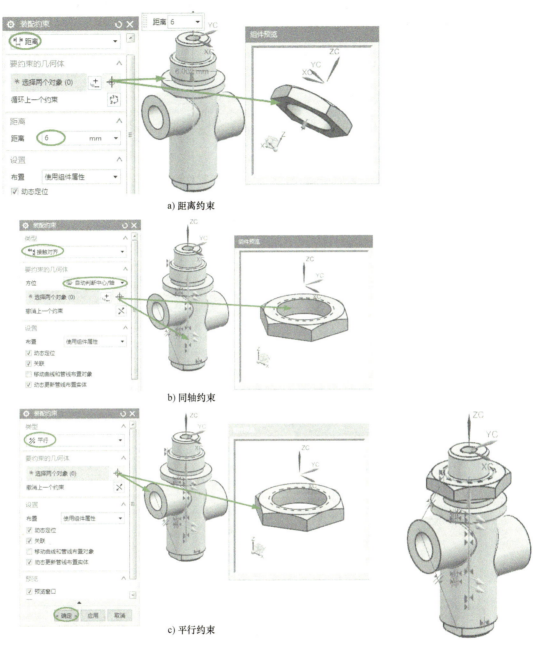

图 2-14 螺母的装配约束　　　　图 2-15 螺母装配效果图

6. 装配芯杆

按照添加阀体的方法添加芯杆模型文件"2-1-02.prt";相关的参数设置如图 2-16 所示,单击"确定"按钮,弹出"装配约束"对话框;如图 2-17a 所示,设置"类型"为"接触对齐","方位"为"对齐",选择"组件预览"窗口中芯杆的螺杆部分的上表面,再选择气阀杆的上端面,单击"应用"按钮使其对齐;如图 2-17b 所示,将"方位"设置为"自动判断中心/轴",选择"组件预览"窗口中芯杆的螺杆部分的外表面,再选择气阀杆的内螺纹孔表面,单击"应用"按钮使其同轴;如图 2-17c 所示,将"类型"设置为"平行",

75

选择"组件预览"窗口中芯杆的侧面，再选择气阀杆底座（或螺母）的侧面，单击"应用"按钮使其平行；最后单击"确定"按钮，完成芯杆的安装，结果如图2-18所示。

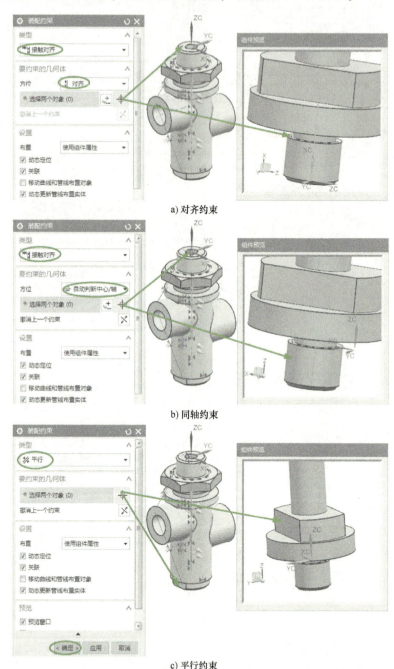

图2-16 添加芯杆模型文件

图2-17 芯杆的装配约束

7. 装配球形手柄

按照添加阀体的方法添加球形手柄模型文件"2-1-01.prt"；对应的参数设置如图2-19所示，单击"确定"按钮，弹出"装配约束"对话框；如图2-20a所示，设置"类型"为"接触对齐"，"方位"为"对齐"，选择"组件预览"窗口中球形手柄下端面，再选择芯杆

项目二 虚拟装配设计

上部螺纹杆的下端面,单击"应用"按钮使其对齐;如图 2-20b 所示,将"方位"设置为"自动判断中心/轴",选择"组件预览"窗口中球形手柄螺纹孔的内表面,再选择芯杆上部螺纹杆的外表面,单击"应用"按钮使其同轴;最后单击"确定"按钮,完成球形手柄的安装,结果如图 2-21 所示(隐藏了装配约束、密封圈的草图和基准轴)。

图 2-18 芯杆装配效果图

图 2-19 添加球形手柄模型文件

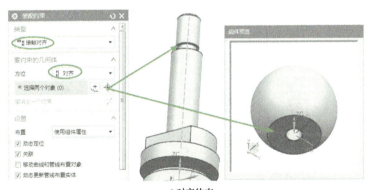

a) 对齐约束

b) 同轴约束

图 2-20 装配手柄球示意图

图 2-21 手动气阀装配效果图

三、强化训练

完成图 2-22 所示微型调节支撑机构的自底向上的装配设计。

强化训练

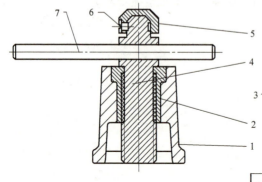

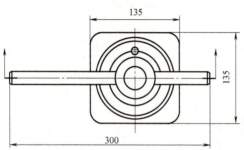

7	2-5-5	扭杆	1	45
6	2-5-7	螺钉	1	45
5	2-5-4	顶头	1	45
4	2-5-3	螺杆	1	45
3	2-5-6	定位螺钉	1	45
2	2-5-2	螺母	1	45
1	2-5-1	底座	1	HT150
序号	图号	名称	数量	材料

图 2-22 微型调节支撑机构装配图及实体模型

操作提示见表 2-1。

表 2-1 操作提示(九)

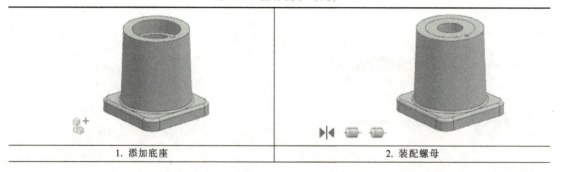

1. 添加底座	2. 装配螺母

项目二 虚拟装配设计

（续）

| 3. 装配定位螺钉 | 4. 装配螺杆 |
| 5. 装配顶头 | 6. 装配螺钉 |

7. 装配扭杆

四、拓展训练

任务要求：为图 2-23 所示茶壶体设计一个壶盖，并完成整个茶壶的自底向上的装配设计。

图 2-23 茶壶体

任务二　肥皂盒自顶向下的装配设计

完成图2-24所示肥皂盒的装配设计。

肥皂盒

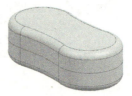

图2-24　肥皂盒

一、任务分析

肥皂盒的上、下两部分形状一致，可以采用自顶向下的装配设计方法，先创建出肥皂盒的总体模型，然后分解出相关联的上下两部分。

二、操作步骤

1. 创建主装配体

（1）新建文件　单击"文件"→"新建"，打开"新建"对话框；选项设定如图2-25所示，输入"名称"为"肥皂盒_asm.prt"，单击"确定"按钮，完成新建文件操作。

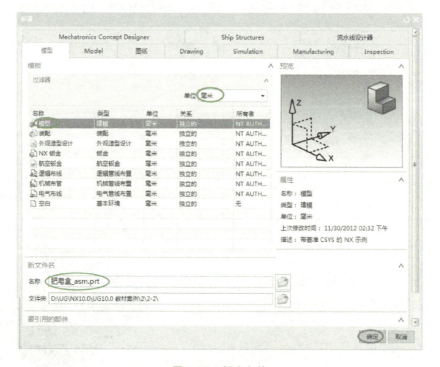

图2-25　新建文件

项目二 虚拟装配设计

（2）创建拉伸特征（一） 单击"插入"→"设计特征"→"拉伸"，弹出"拉伸"对话框；选取 X-Y 平面为草绘平面，绘制图 2-26 所示的草图；"拉伸"对话框中的参数设置如图 2-27 所示；单击"确定"按钮，完成拉伸操作。最后利用"边倒圆"命令对拉伸特征进行修饰，选项设定如图 2-28 所示，结果如图 2-29 所示。

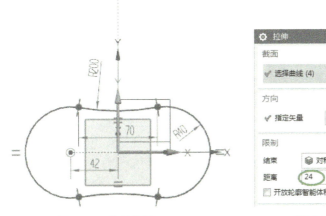

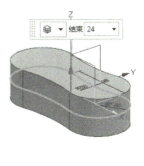

图 2-26 绘制草图（一）　　　　　图 2-27 设置"拉伸"对话框中的参数

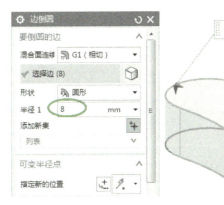
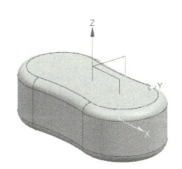

图 2-28 边倒圆　　　　　图 2-29 拉伸特征（一）

（3）创建拉伸特征（二） 单击"插入"→"设计特征"→"拉伸"，弹出"拉伸"对话框；选取 X-Y 平面为草绘平面，绘制图 2-30 所示的草图；"拉伸"对话框中的参数的设置如图 2-31 所示；单击"确定"按钮，完成拉伸操作。

2. 创建肥皂盒上盖模型

1）在左侧的资源工具栏中单击"装配导航器"按钮，在"装配导航器"中的空白处单击鼠标右键，在弹出的右键菜单中选择"WAVE 模式"，如图 2-32 所示。

2）在"装配导航器"中选择"肥皂盒"并单击鼠标右键，如图 2-33 所示，在弹出的右键菜单中选择"WAVE"→"新建级别"，弹出"新建级别"对话框；单击"指定部件名"按钮，弹出"选择部件名"对话框；

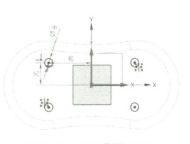

图 2-30 绘制草图（二）

81

数字化设计与加工软件应用

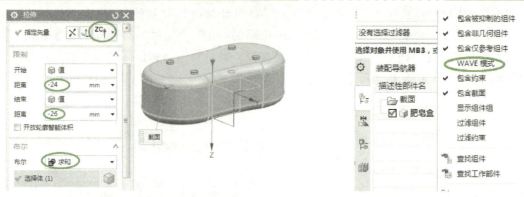

图 2-31 设置"拉伸"对话框中的参数　　图 2-32 选择"WAVE 模式"

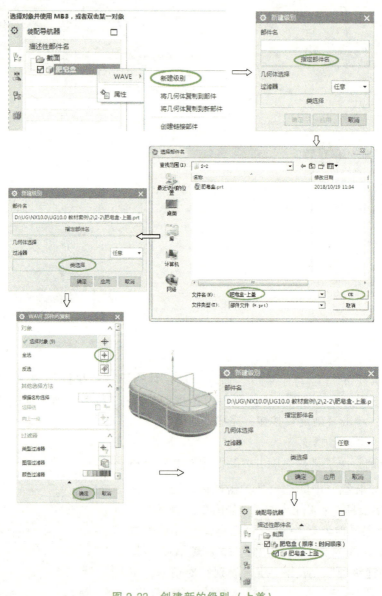

图 2-33 创建新的级别（上盖）

在"文件名"文本框中输入"肥皂盒-上盖",然后单击"OK"按钮,回到"新建级别"对话框;单击"类选择"按钮,弹出"WAVE 部件间复制"对话框;选取绘图区中的模型实体,然后单击"确定"按钮,再次回到"新建级别"对话框;单击"确定"按钮,完成新级别的创建。

3)在左侧的资源工具栏中单击"装配导航器"按钮；在"装配导航器"中选择"肥皂盒-上盖"并单击鼠标右键,在弹出的右键菜单中选择"设为工作部件",如图 2-34 所示。此时"肥皂盒-上盖"节点亮显,主装配体节点变暗。

图 2-34 将"肥皂盒-上盖"节点设为工作部件

在左侧的资源工具栏中单击"装配导航器"按钮；在"装配导航器"中选择主装配体"肥皂盒"并单击鼠标右键,如图 2-35 所示,在弹出的右键菜单中选择"显示和隐藏"→"隐藏节点",将主装配体节点隐藏,只显示肥皂盒上盖模型。

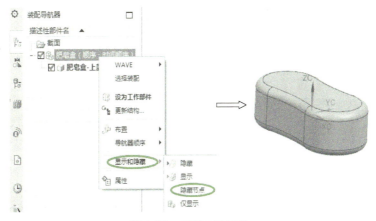

图 2-35 隐藏主装配体

单击"插入"→"修剪"→"修剪体",弹出"修剪体"对话框;如图 2-36 所示,分别选择要修剪的目标体和用来修剪目标体的工具面,确认修剪方向无误后,单击"确定"按钮,完成修剪体操作。

4)单击"插入"→"偏置/缩放"→"抽壳",弹出"抽壳"对话框;如图 2-37 所示,先选择需要移除的面(底

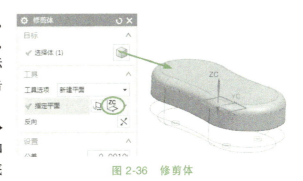

图 2-36 修剪体

面），输入"厚度"值为"2"，单击"确定"按钮，完成抽壳操作。

5) 单击"插入"→"设计特征"→"拉伸"，弹出"拉伸"对话框；选项设定如图2-38所示，选择肥皂盒上盖模型的底面内侧曲线为"截面"曲线，单击"确定"按钮，完成拉伸操作，结果如图2-39所示。

图 2-37 抽壳

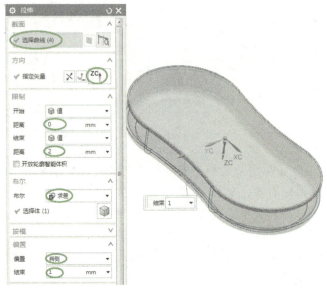

图 2-38 设置"拉伸"对话框中的参数

6) 单击"保存"按钮，然后在左侧的资源工具栏中单击"装配导航器"按钮；如图2-40所示，在"装配导航器"中选择主装配体"肥皂盒"并单击鼠标右键，在弹出的右键菜单中选择"设为工作部件"，将主装配体设为工作部件。如图2-41所示，取消勾选"肥皂盒-上盖"节点，将其隐藏。

3. 创建肥皂盒下盖模型

1) 在"装配导航器"中选择"肥皂盒"节点并单击鼠标右键；如图2-42所示，在弹

图 2-39 肥皂盒上盖模型

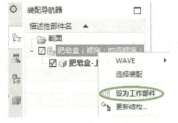

图 2-40 将主装配体设为工作部件

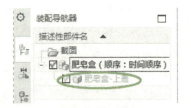

图 2-41 隐藏"肥皂盒-上盖"节点

出的右键菜单中选择"WAVE"→"新建级别",弹出"新建级别"对话框;单击"指定部件名"按钮,弹出"选择部件名"对话框;在"文件名"文本框中输入"肥皂盒-下盖",单击"OK"按钮,回到"新建级别"对话框;单击"类选择"按钮,弹出"WAVE部件间复制"对话框;选取绘图区中的模型实体,然后单击"确定"按钮,再次回到"新建级别"对话框;单击"确定"按钮,完成新级别的创建。

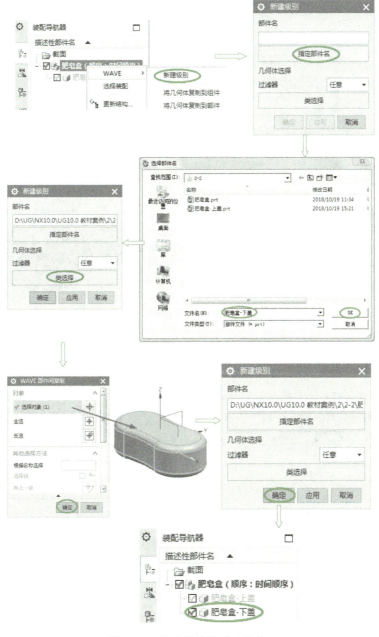

图 2-42 创建新的级别(下盖)

2)在左侧的资源工具栏中单击"装配导航器"按钮 ；如图 2-43 所示,在"装配导航器"中选择"肥皂盒-下盖"并单击鼠标右键,在弹出的右键菜单中选择"设为工作部件",此时"肥皂盒-下盖"节点亮显,主装配体节点变暗。

图 2-43 将"肥皂盒-下盖"节点设为工作部件

在左侧的资源工具栏中单击"装配导航器"按钮 ,如图 2-44 所示,在装配导航器中选择主装配体节点"肥皂盒"并单击鼠标右键,在弹出的右键菜单中选择"显示和隐藏"→"隐藏节点",将主装配体隐藏,只显示肥皂盒下盖模型。

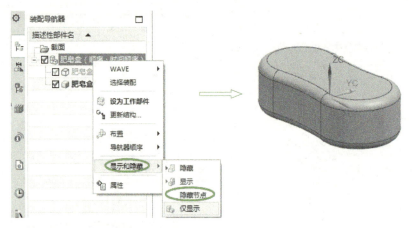

图 2-44 隐藏主装配体

单击"插入"→"修剪"→"修剪体",弹出"修剪体"对话框;如图 2-45 所示,分别选

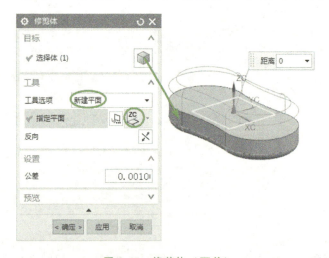

图 2-45 修剪体(下盖)

择要修剪的目标体和用来修剪目标体的工具面,确认修剪方向无误后,单击"确定"按钮,完成修剪体操作。

3) 单击"插入"→"偏置/缩放"→"抽壳",弹出"抽壳"对话框;如图2-46所示,先选择需要移除的面(顶面),输入"厚度"值为"2",单击"确定"按钮,完成抽壳操作。

4) 创建拉伸特征(一)。单击"插入"→"设计特征"→"拉伸",弹出"拉伸"对话框;选项设定如图2-47所示,选择肥皂盒下盖顶面内侧曲线为"截面"曲线,单击"确定"按钮,完成拉伸操作,结果如图2-48所示。

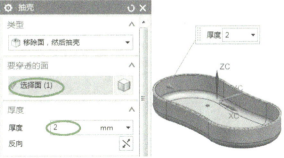

图2-46 抽壳(下盖)

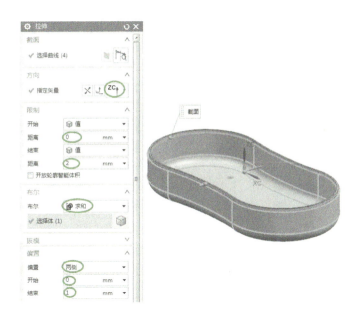

图2-47 设置"拉伸"对话框中的参数(下盖)

5) 创建拉伸特征(二)。单击"插入"→"在任务环境中绘制草图",选取肥皂盒下盖底面为草绘平面,绘制图2-49所示的草图;单击"拉伸"按钮,打开"拉伸"对话框,选项设置如图2-50所示,单击"确定"按钮,完成拉伸操作,结果如图2-51所示。

4. 关联性检验

保存肥皂盒下盖模型文件,然后关闭所有其他节点,只打开主装配体节点,进行父特征的创建操作更改,相对应的肥皂盒上、下盖的尺寸和形状也会随之改变。图2-52所示为隐藏主装配体后的效果图。

图2-48 肥皂盒下盖模型

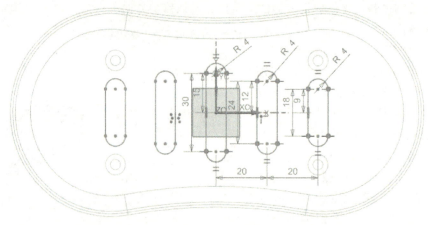

图 2-49 绘制草图

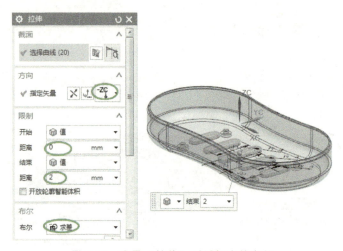

图 2-50 设置"拉伸"对话框中的参数

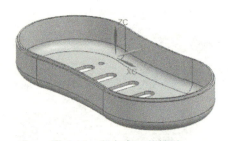

图 2-51 肥皂盒下盖模型

图 2-52 肥皂盒模型

三、强化训练

利用自顶向下的装配设计方法完成图 2-53 所示优盘的装配设计。操作提示见表 2-2。

强化训练

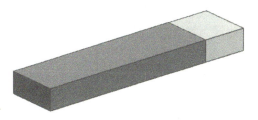

图 2-53 优盘

表 2-2 操作提示（十）

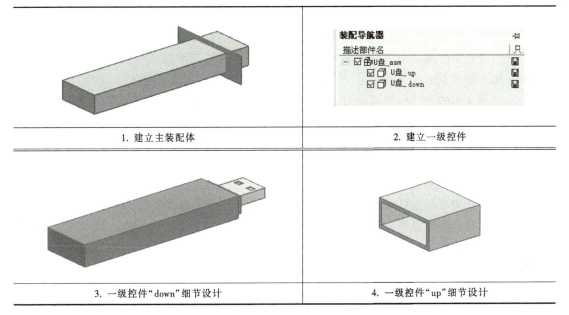

四、拓展训练

任务要求：为图 2-54 所示茶壶设计一个壶盖，要求保证壶体与壶盖配合部分的关联性（使用自顶向下的装配设计方法）。

【思政育人】

虚拟装配技术可以减少实物模型和样机的投入，避免设计缺陷，缩短产品开发周期，降低产品开发成本和制造成本。传统的设计方式要经过图样设计、样机制造、测试改进、定型生产等步骤，为了使产品满足设计要求，往往要多次制造样机，反复测试，费时费力且成本高昂。虚拟装配技术让虚拟样机成为了可能，为数字孪生技术的出现奠定了基础。

数字孪生（Digital Twin）也被称为数字映射或数字镜像，是充分利用物理模型、传感器更新、运行历史等数据，集成多学科、多物理量、多尺度、多概率的仿真过程，在虚拟空间中完成映射，从而反映相对应的实体装备的全生命周期过程。其实，数字孪生就是在一个设备或系统的基础上，创造一个数字版的"克隆体"，也被称为"数字孪生体"。例如：通

图 2-54 茶壶体

过数字孪生技术产生的汽车发动机虚拟装配，不仅可以动起来，看到内部零件、接头在运行中的变化，还可以求出速度曲线，查看是否符合企业实际需要。下面介绍一下制造业数字孪生的发展史。

1990年，世界第一台数字样机波音777的研制计划启动，波音777的结构件有300多万个，标准件有1500多万个，采用了全三维数字化设计技术和预装备技术，3000台三维设计工作站做零件设计，200台做装配设计，取代了过去新飞机设计需要的成千上万人手工绘图工作。因为采用全三维数字化设计，波音777飞机研制周期缩短了40%，减少返工量50%。低价生产出来的波音777的质量却比已经生产400架的波音747的质量还好，成为历史上最赚钱的飞机。

1999年，"新飞豹"飞机要求在两年半时间内能够上天，研制周期只有常规进度的一半，传统的设计手段满足不了这个要求，最后决定全机采用三维数字化设计、数字化装配，做出中国的全数字化设计的飞机。从组织设计、制造到实现技术的突破，使得"新飞豹"飞机要求的两年半的设计周期缩短为一年。"新飞豹"总计有5.4万多个结构件，43万个标准件，工程更改单由常规的六七千张减少至1082张。最终，"新飞豹"在两年半的时间内飞上了天。新飞豹是中国第一架全机数字样机，也是中国制造业数字化的开始。

北京时间2020年5月31日，搭载两名宇航员的SpaceX猎鹰九号（Falcon 9）运载火箭成功升空，并在海上完成了回收一级火箭。SpaceX快速崛起的背后，也必须从数字样机说起。三维模型最重要的是机械结构，其静力学和动力学性能是要靠物理试验来检测的，现在利用三维数字化模型可以进行虚拟试验。猎鹰九号成功的核心就是用三维数字化建模的方法注入材料数据，然后通过大量的仿真分析软件，用计算、仿真、分析或者虚拟试验的方法来指导、简化、减少甚至取代物理试验，这就是智能制造解决的高层次的问题。

数字孪生对工业和制造业都有重大的意义，可以提升人们在从产品研制、工艺制定、生产制造、交付、运行维护到回收的整个全生命周期的能力。数字孪生最大的价值，就是使制造业走上零成本试错之路。大量的工艺制定、产品设计、开发都是不断试错、不断调试的过程，数字孪生给整个制造体系提供了一种新的方法论，从而降低了创新的成本，并提高了创新的效率。这个方法论使制造业走在了零成本试错的大道上。

数字孪生不是简单的设计，而是多项技术的综合运用，但是不得不承认数字孪生的基础是三维数字化设计。同学们要努力学习本书内容，提升数字化设计能力，助推中国智能制造的发展，用科技武装自己，用科技创新托起强国梦。

项目三　工程图设计

【能力目标】

具有通过产品的三维模型设计工程图的能力。

【知识目标】

掌握计算机创建工程图的基本概念和基本知识；掌握 UG NX10.0 软件的各种绘图操作命令；掌握使用 UG NX10.0 软件进行图样创建、视图布局、图样标注等的操作方法。

任务一　法兰的视图布局

创建法兰零件图，如图 3-1 所示。

一、任务分析

法兰的三维实体模型的细节特征较多，其内部有轴向阶梯孔和径向螺纹孔，端面有四个均布的沉头孔，要将这些细节特征表示清楚，需要创建两个断面图，一共需要四个视图来描述。

二、操作步骤

1. 进入制图模块

打开法兰的模型文件，单击"启动"按钮，选择"制图"，如图 3-2 所示。

进入制图应用模块后，单击"新建图纸页"按钮，弹出"图纸页"对话框；选项设定如图 3-3 所示，单击"确定"按钮，进入制图模块的工作界面，如图 3-4 所示。

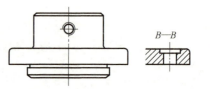

法兰视图布局

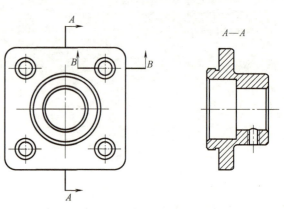

图 3-1　法兰零件图

图 3-2　选择制图模块

图 3-3　新建图纸页

2. 替换工程图模板

如图 3-5 所示，单击"GC 工具箱"→"制图工具"→"替换模板"，弹出"工程图模板替换"对话框；单击"确定"按钮，完成工程图模板替换，结果如图 3-6 所示。

项目三 工程图设计

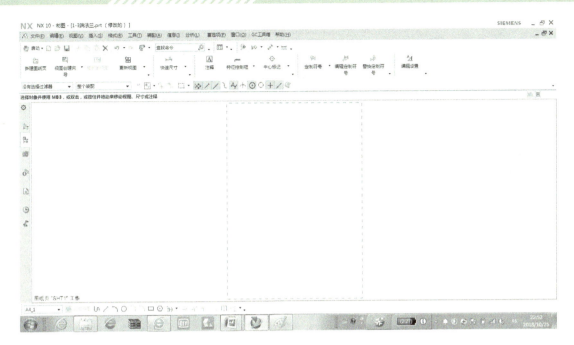

图 3-4 制图界面

图 3-5 替换工程图模板

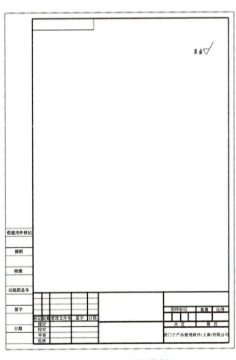

图 3-6 工程图模板

如图 3-7 所示，单击"格式"→"图层设置"，在弹出的"图层设置"对话框中将 170 层设置为"工作图层"，并勾选 173 层。如图 3-8 所示，输入标题栏中的单位名称，将图 3-6 右上角 删除，标题栏中的其余信息可同步零件设计信息。

93

图 3-7　图层设置　　　　　　　　　　图 3-8　编辑标题栏

3. 视图布局

（1）添加基本视图　如图 3-9 所示，单击"基本视图"按钮，弹出"基本视图"对话框；设置"要使用的模型视图"为"俯视图"，"比例"为"1∶2"；将零件实体模型拖动到图纸的适当位置固定下来，将生成的俯视图向上投影生成主视图，结果如图 3-10 所示。

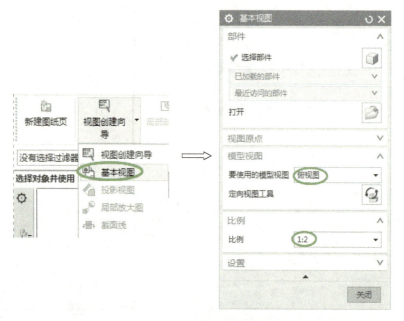

图 3-9　添加基本视图

（2）生成剖视图　如图 3-11 所示，单击"剖视图"按钮，弹出"剖视图"对话框；如图 3-12 所示，设置剖切"方法"为"简单剖/阶梯剖"，选中法兰俯视图的中心（圆心）以确定截面线位置，然后向右侧拖动图形框线，将其固定在适当地方，关闭"剖视图"对话框，完成剖视图 A—A 的布局，结果如图 3-13 所示。

图 3-10　基本视图

图 3-11　创建剖视图

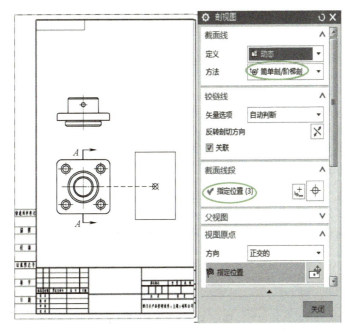

图 3-12　设置"剖视图"对话框中的参数

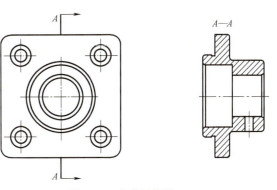

图 3-13　生成剖视图 A—A

按照上述方法，再次单击"剖视图"按钮，弹出"剖视图"对话框；如图 3-14 所示，设置剖切"方法"为"简单剖/阶梯剖"，选中法兰俯视图中的凸缘右上角沉头孔的圆心以确定截面线位置，然后向上方拖动图形框线，将其固定在适当地方，最后关闭"剖视图"对话框。此时会发现生成的剖视图 B—B 与图样要求不符，需要对其进行编辑。如图 3-15 所示，将光标放置在俯视图中剖视图的截

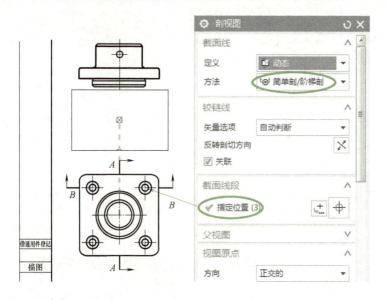

图 3-14 设置"剖视图"对话框中的参数

面线位置上,单击鼠标右键,在弹出的右键菜单中选择"编辑",弹出"剖视图"对话框;如图 3-16 所示,按住鼠标左键将左侧截面线调整到合适位置,结果如图 3-17 所示;最后,将剖视图 B—B 拖放到合适位置,并删除多余线条,完成剖视图 B—B 的创建。法兰的视图布局创建完成,结果如图 3-18 所示。

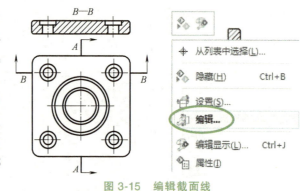

图 3-15 编辑截面线

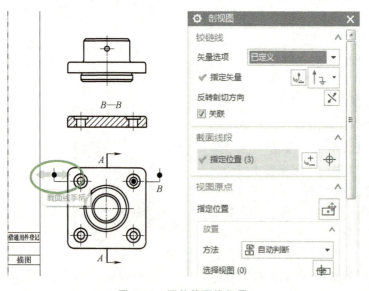

图 3-16 调整截面线位置

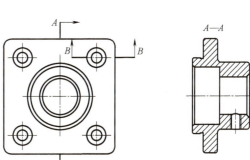

图 3-17 编辑后的剖视图 B—B　　　　　　图 3-18 法兰的视图布局

三、强化训练

完成图 3-19 所示限位轴套的视图布局。
操作提示见表 3-1。

强化训练

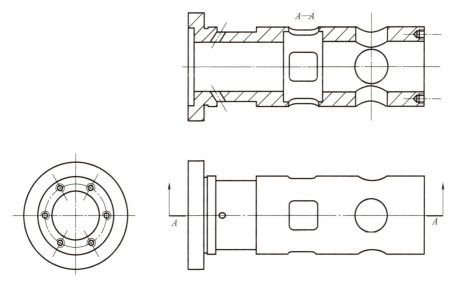

图 3-19 限位轴套的视图布局

四、拓展训练

任务要求：试着为图 3-1 所示法兰设计另外一种视图布局方式,能将法兰结构表达清楚即可。

表 3-1 操作提示（十一）

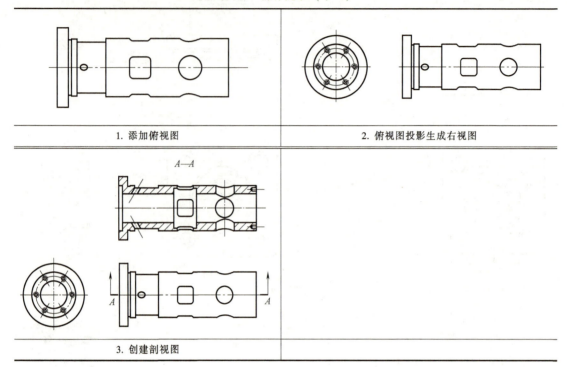

1. 添加俯视图	2. 俯视图投影生成右视图
3. 创建剖视图	

任务二 法兰的尺寸标注

创建图 3-20 所示法兰工程图中的尺寸标注。

法兰尺寸标注

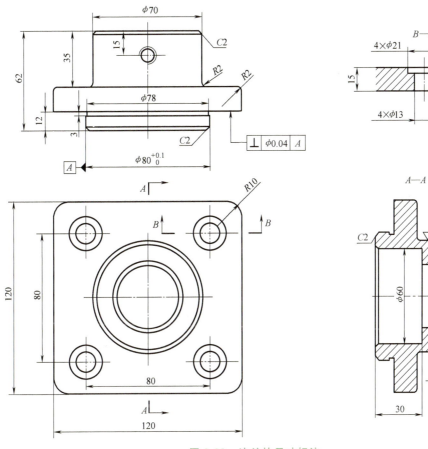

图 3-20 法兰的尺寸标注

一、任务分析

图 3-20 中包含了长、宽、高、距离等基本尺寸标注，还包括了直径、半径、倒角、螺纹等尺寸标注，以及表面粗糙度值和形位公差的标注，可以依次分别进行标注。

二、操作步骤

1. 打开法兰工程图文件

打开已经做好视图布局的法兰工程图文件，如图 3-21 所示。

2. 参数设置

单击"首选项"→"制图"，如图 3-22 所示，弹出"制图首选项"对话框；如图 3-23 至图 3-26 所示，分别对"尺寸文本""附加文本""公差文本""前缀/后缀"参数进行设置。

数字化设计与加工软件应用

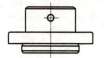

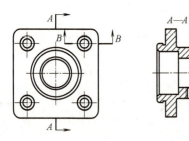

图 3-21 法兰视图

图 3-22 "首选项"菜单

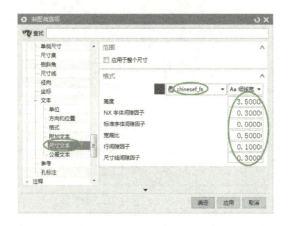

图 3-23 "尺寸文本"参数设置

图 3-24 "附加文本"参数设置

图 3-25 "公差文本"参数设置

图 3-26 "前缀/后缀"参数设置

3. 尺寸与公差的标注

（1）长度尺寸及公差标注　如图 3-27 所示，单击"插入"→"尺寸"→"快速"，弹出"快速尺寸"对话框；如图 3-28 所示，为了方便标注竖直方向的尺寸，将"测量方法"设置为"竖直"，首先选择主视图上边线为第一参考对象，选择螺纹孔中心作为第二参考对象，尺寸数值出现后，选择适当的放置位置即可。使用同样的操作方法，可以完成图 3-29 所示所有竖直尺寸的标注。

图 3-27　打开"快速尺寸"对话框

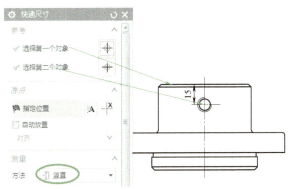

图 3-28　螺纹孔位置尺寸标注

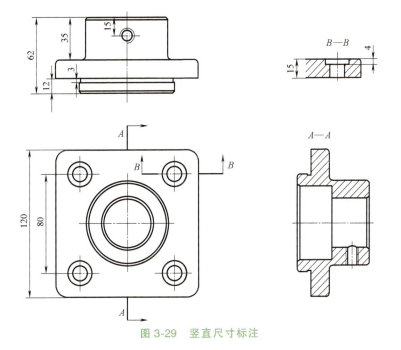

图 3-29　竖直尺寸标注

如图 3-30 所示，将"快速尺寸"对话框中的"测量方法"设置为"水平"，分别选择两个沉头孔的中心，出现尺寸之后放置在适当的位置即可。以同样的方法完成所有水平尺寸的标注，结果如图 3-31 所示。

（2）圆柱体（孔）直径尺寸及公差标注　标注主视图中 $\phi70\mathrm{mm}$ 圆柱体直径尺寸。如图 3-32 所示，将"快速尺寸"对话框中的"测量方法"设置为"圆柱坐标系"，分别选择主视图上部分圆柱体的两边，出现尺寸之后放置在适当的位置即可。

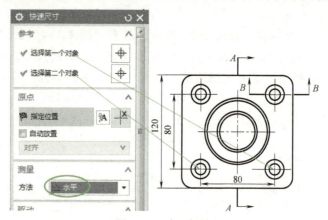

图 3-30 孔距标注

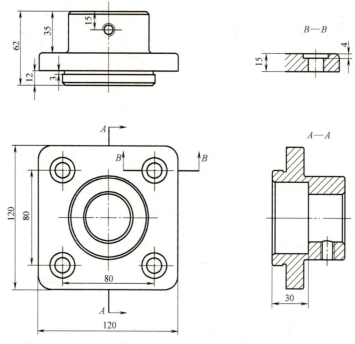

图 3-31 水平尺寸标注

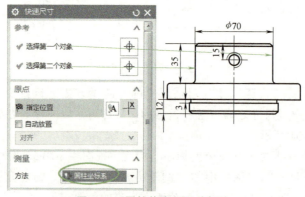

图 3-32 圆柱体直径尺寸标注

标注主视图中 φ80mm 圆柱体直径尺寸和其公差值。如图 3-33 所示，分别选择圆柱体的两边，出现尺寸后先不要固定其位置，单击"快速尺寸"对话框中的"设置"按钮，弹出图 3-34 所示的"设置"对话框；将"公差"中的"类型"设置为"单向正公差"，将"公差上限"设置为"0.1"，然后单击"关闭"按钮，返回"快速尺寸"对话框；将带有公差的尺寸放置在适当的位置即可，结果如图 3-35 所示。

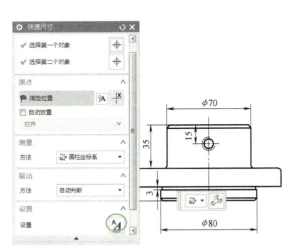

图 3-33 打开"设置"对话框

图 3-34 设置尺寸公差

标注剖视图 B—B 中沉头孔尺寸。如图 3-36 所示，用"快速尺寸"完成沉头孔直径的基本尺寸标注，将鼠标光标移动到此尺寸上，单击鼠标右键，在弹出的右键菜单中选择"编辑附加文本"，弹出"附加文本"对话框；选项设定如图 3-37 所示，单击"关闭"按钮，完成此尺寸的标注。

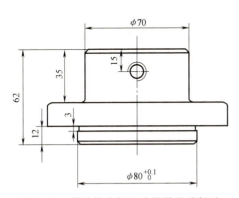

图 3-35 圆柱体直径尺寸及其公差标注

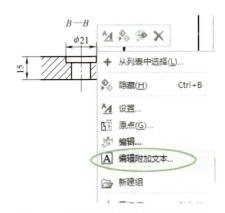

图 3-36 调用"编辑附加文本"命令

按照上述方法，完成所有圆柱体（孔）的直径尺寸及公差标注，结果如图 3-38 所示。

（3）圆弧尺寸标注　标注俯视图中的 R10mm 圆弧尺寸。如图 3-39 所示，将"快速尺寸"对话框中的"测量方法"设置为"径向"，选择俯视图中需要标注尺寸的圆弧，出现尺寸之后放置在适当的位置即可。

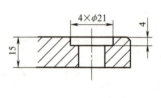

图 3-37 设置"附加文本"对话框

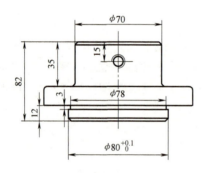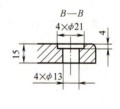

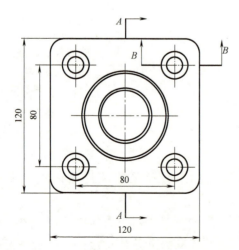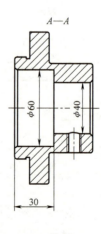

图 3-38 圆柱体(孔)的直径尺寸及公差标注

项目三 工程图设计

按照以上方法,完成所有圆弧尺寸标注,结果如图 3-40 所示。

(4) 螺纹尺寸标注 如图 3-41 所示,用"快速尺寸"完成螺纹孔基本尺寸的标注,然后将鼠标光标放置在此尺寸上,单击鼠标右键,在弹出的右键菜单中选择"编辑附加文本",如图 3-42 所示弹出"附加文本"对话框;选项设定如图 3-43 所示,单击"关闭"按钮,完成此螺纹尺寸的标注。

(5) 倒斜角尺寸标注 如图 3-44 所示,单击"插入"→"尺寸"→"倒斜角",弹出"倒斜角尺寸"对话框;如图 3-45 所示,选择主视图中需要倒斜角的位置,出现尺寸之后放置在合适的位置即可。

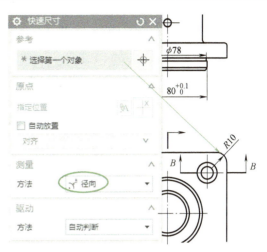

图 3-39 标注圆弧尺寸

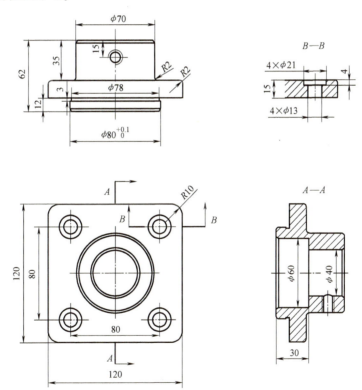

图 3-40 所有圆弧尺寸标注

按照以上方法,完成所有倒斜角尺寸的标注,结果如图 3-46 所示。

(6) 几何公差的标注 为了简化标注内容,在本例中只标注一处垂直度公差。如图 3-47 所示,单击"插入"→"注释"→"特征控制框",弹出"特征控制框"对话框;选项设定如图 3-48 所示,然后单击"设置"按钮,弹出"设置"对话框;如图 3-49 所示,将"文字"中的"高度"设置为"3.5",单击"关闭"按钮,返回"控制特征框"对话框;长按

105

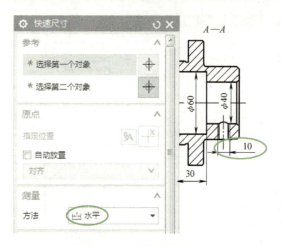

图 3-41 标注螺纹基本尺寸

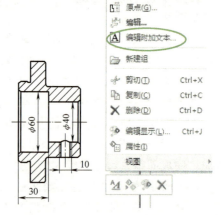

图 3-42 打开"编辑附加文本"

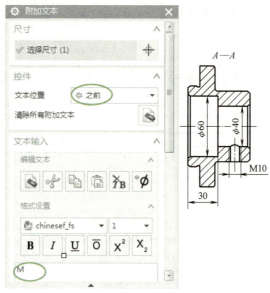

图 3-43 设置"附加文本"对话框

图 3-44 调用"倒斜角"命令

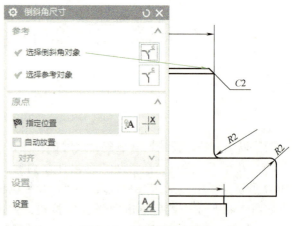

图 3-45 倒斜角尺寸标注

项目三　工程图设计

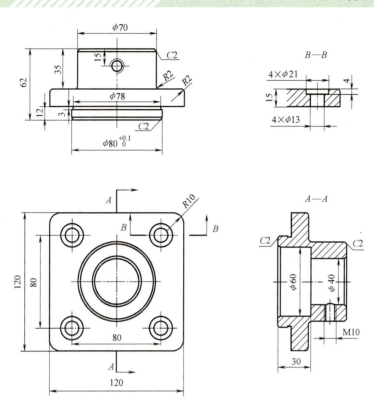

图 3-46　倒斜角标注结果

图 3-47　调用"特征控制框"　　　　图 3-48　设置"特征控制框"对话框

107

鼠标左键，选择图 3-50 所示位置作为指引线起始位置，出现指引线箭头后再松开鼠标，调整特征控制框到合适位置，单击鼠标左键进行位置固定，结果如图 3-51 所示。

还需标注参考基准面 A。如图 3-52 所示，单击"插入"→"注释"→"基准特征符号"，弹出"基准特征符号"对话框；如图 3-53 所示，将基准符号"字母"设置为"A"，然后单击"设置"按钮，弹出"设置"对话框；如图 3-54 所示，将"文字"中的"高度"设置为"3.5"，单击"关闭"按钮，返回"基准特征符号"对话框；如图 3-55 所示，长按鼠标左键，选择与"$\phi80$"尺寸对齐的位置作为指引线起始位置，出现指引线后松开鼠标左键，调整基准符号至适当位置，单击鼠标左键进行固定，结果如图 3-56 所示。

图 3-49 设置"文字"参数

图 3-50 确定指引线位置

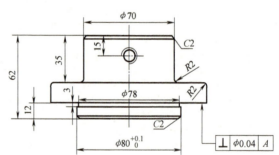

图 3-51 特征控制框标注结果

图 3-52 调用"基准特征符号"命令

图 3-53 "基准特征符号"对话框

项目三 工程图设计

图3-54 "文字"设置

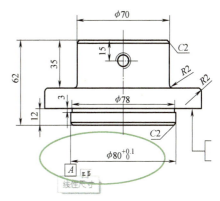

图3-55 确定指引线位置

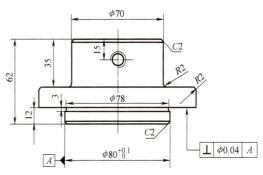

图3-56 基准符号标注结果

（7）表面粗糙度标注 为了简化标注内容，在本例中只对 $\phi70$mm 圆柱面进行标注，其表面粗糙度为 $Ra3.2\mu m$。如图3-57所示，单击"插入"→"注释"→"表面粗糙度符号"，弹出"表面粗糙度"对话框；选项设定如图3-58所示，单击"设置"按钮，弹出"设置"对话框；如图3-59所示，将"文字"中的"高度"设置为"3.5"，单击"关闭"按钮，返回"表面粗糙度"对话框；选择表面粗糙度符号的放置位置，结果如图3-60所示。

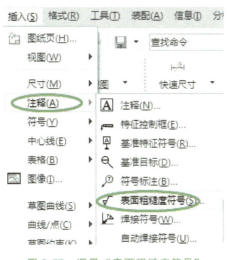

图3-57 调用"表面粗糙度符号"

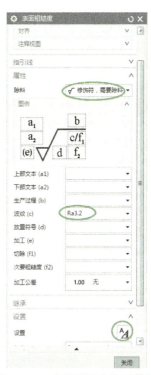

图3-58 "表面粗糙度"对话框

109

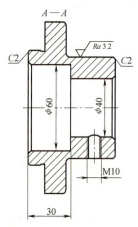

图 3-59　设置"文字"参数　　　　　图 3-60　表面粗糙度标注结果

最后，对图样的布局进行整理，并检查是否有遗漏的标注项目，完成设计的法兰零件图如图 3-61 所示。

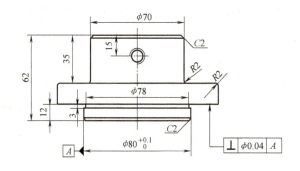
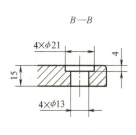

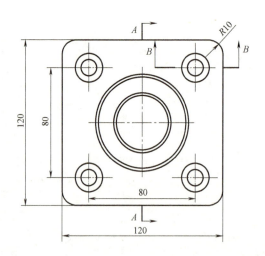
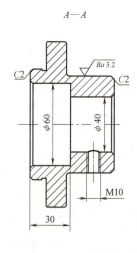

图 3-61　法兰尺寸标注结果

三、强化训练

完成图 3-62 所示限位轴套的尺寸标注。
操作提示见表 3-2。

强化训练

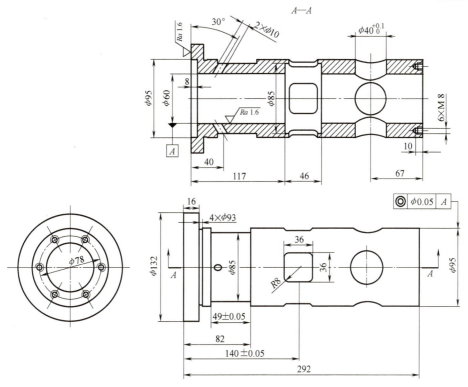

图 3-62 限位轴套尺寸标注

表 3-2 操作提示（十二）

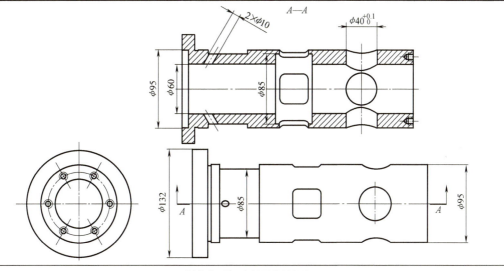

1. 圆柱体(孔)直径及公差标注

（续）

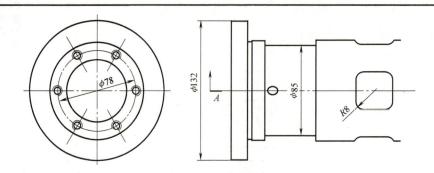

2. 圆、圆弧尺寸标注

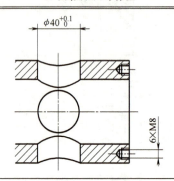

3. 螺纹尺寸及公差标注

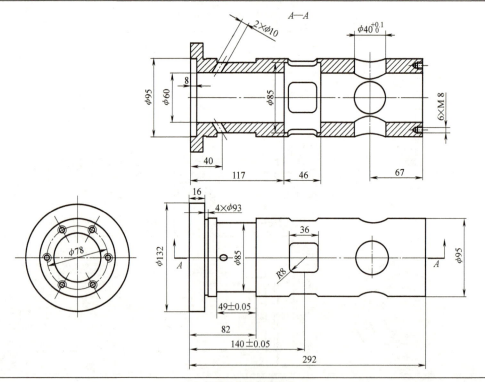

4. 长度尺寸及公差标注

（续）

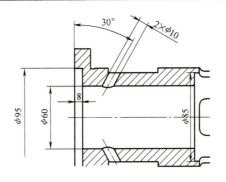

5. 角度标注

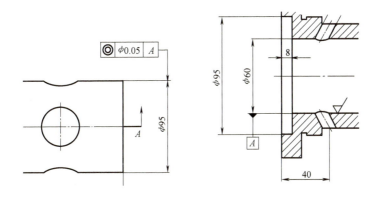

6. 几何公差的标注

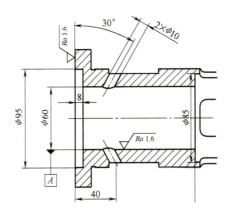

7. 表面粗糙度的标注

四、拓展训练

任务要求：图 3-63 所示为轴承座的装配图，试着为其中的轴承盖（图 3-64）创建工程图，保证视图布局合理，尺寸标注完整。

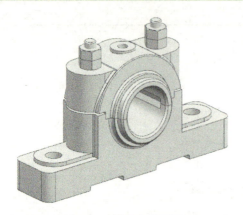

图 3-63 轴承座装配图

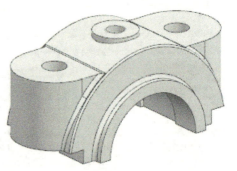

图 3-64 轴承盖

项目三　工程图设计

任务三　手动气阀的装配图设计

创建图 3-65 所示的手动气阀装配图。

手动气阀装配图

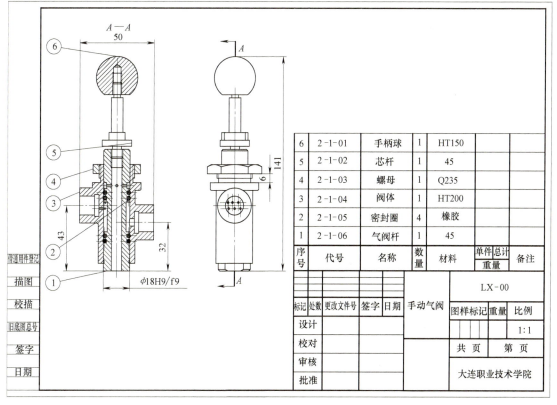

图 3-65　手动气阀装配图

一、任务分析

手动气阀是由 6 种零件组装而成。在装配工程图的设计中，重点不在于对每个零件具体特征的描述，而是要反映出零件之间的装配关系，因此，本例中的视图布局共需要两个不同类型的视图。一个是基本视图，用于反映外部总体结构；一个剖视图，用于反映内部结构；除此之外，需要标注手动气阀的外部整体尺寸、主要零件的配合尺寸、零件明细表、零件编号、图样标题栏和技术要求。

二、操作步骤

1. 打开手动气阀装配文件

在 UG NX10.0 软件中打开手动气阀装配文件，装配模型如图 3-66 所示。

2. 填写组件设计信息

单击"文件"→"属性"，打开"显示部件属性"对话框，选择"属性"选项卡，如图 3-67 所示；依次输入零件的名称、图号、比例等设计信息，结果如图 3-68 所示。

115

图 3-66 手动气阀装配模型

图 3-67 填写零件名称

检查组件中的所有零件是否都已经输入了必要的设计信息,其中图号、零件名称和材料是必须填写的,如有遗漏需进行填补。

3. 进入制图模块

单击"启动"按钮,选择"制图"命令,进入"制图"应用模块。单击"新建图纸页"按钮,弹出"图纸页"对话框;如图 3-69 所示,选用 A3 装配模板,取消勾选"始终启动视图创建",单击"确定"按钮,进入制图模块的工作界面,如图 3-70 所示。此时,若发现图纸背景色为灰色,可进行更改。如图 3-71 所示,单击"首选项"→"可视化",打开"可视化首选项"对话框;单击"图纸部件设置"中的"背景",将颜色改为白色,结果如图 3-72 所示。

图 3-68 填写设计信息

图 3-69 设置图纸页

项目三　工程图设计

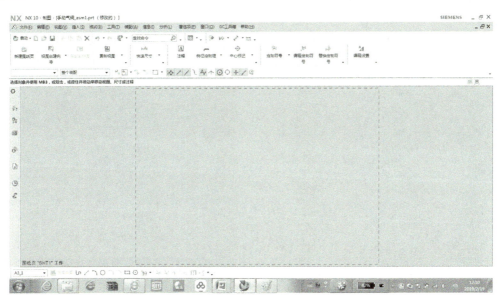

图 3-70　制图界面

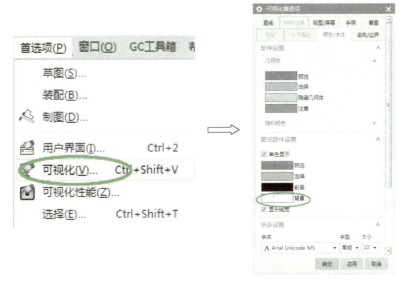

图 3-71　"可视化首选项"对话框

4. 替换工程图模板

如图 3-73 所示，单击"GC 工具箱"→"制图工具"→"替换模板"，弹出"工程图模板替换"对话框；单击"确定"按钮，完成工程图模板替换，结果如图 3-74 所示。如图 3-75 所示，单击"格式"→"图层设置"，在弹出的对话框中将 170 层设置为"工作图层"，并勾选 173 层。如图 3-76 所示，输入标题栏中的单位名称，将图纸右上角 删除。

5. 视图布局

（1）添加基本视图　单击"基本视图"命令，弹出"基本视图"对话框；选项设定如图 3-77 所示，将零件实体模型拖动到装配图的适当位置固定下来，结果如图 3-78 所示。

117

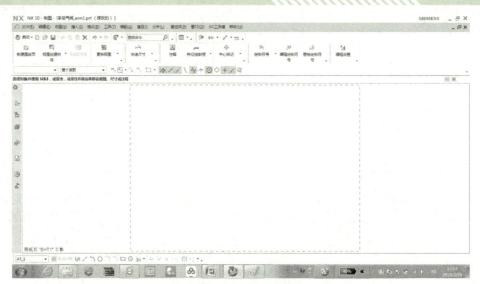

图 3-72 更改图纸背景色

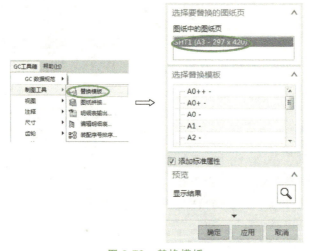

图 3-73 替换模板

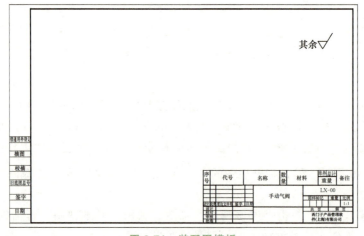

图 3-74 装配图模板

项目三　工程图设计

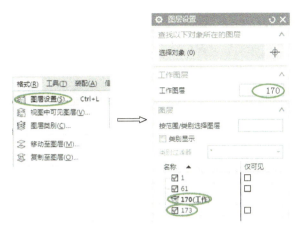

图 3-75　图层设置

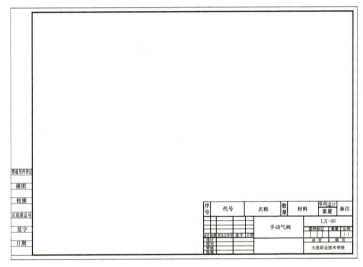

图 3-76　编辑模板

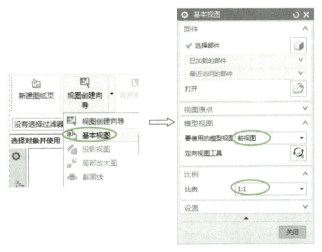

图 3-77　添加基本视图

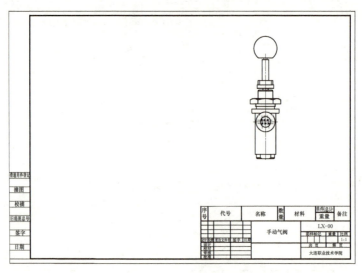

图 3-78 生成前视图

（2）生成剖视图 如图 3-79 所示，单击"剖视图"命令，弹出"剖视图"对话框；如图 3-80 所示，设置剖切"方法"为"简单剖"/阶梯剖"，然后选中前视图中心线上任意一点，以确定截面线位置，然后向左侧拖动图形线框，将其固定在适当位置，关闭"剖视图"对话框，完成剖视图的布局，结果如图 3-81 所示。

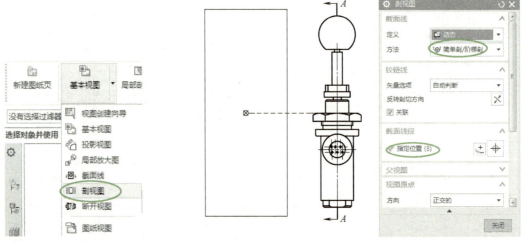

图 3-79 创建剖视图　　　　　图 3-80 设置剖视图参数

6. 编辑剖视图

在初步完成的视图布局中，有些零件的剖面情况不符合现行机械制图的国家标准要求，如阀杆在剖切时应按照非剖切情况处理；密封圈为非金属材料，剖面线不符合标准要求。

（1）零件非剖切处理 如图 3-82 所示，单击"编辑"→"视图"→"视图中剖切"，弹出"视图中剖切"对话框时；选中剖视图，然后单击"体或组件"中的"选择对象"，并选择芯杆，单击"确定"按钮。此时，视图中的芯杆零件变成了非剖切状态，如图 3-83 所示。

项目三　工程图设计

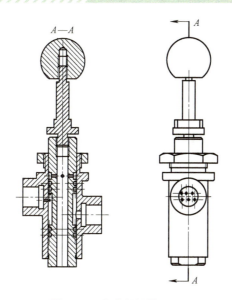

图 3-81　生成剖视图 A—A

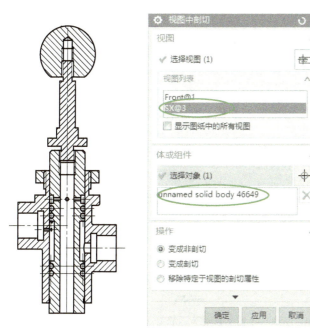

图 3-82　设置视图中剖切组件

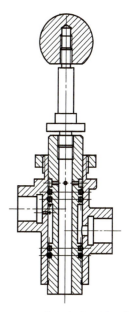

图 3-83　非剖切处理的芯杆

（2）调整非金属零件剖面线　由于密封圈为非金属材料，需要对其剖面线样式进行调整。如图 3-84 所示，选中需要编辑的密封圈剖面线，单击鼠标右键，在弹出的右键菜单中选择"设置"，弹出"设置"对话框；如图 3-85 所示，在"设置"对话框中对"图样""距离""角度"分别进行设置，最后，单击"关闭"按钮，完成对剖面线的调整。（注：由于 UG NX10.0 软件中非金属剖面线的标注样式与国家标准中的规定不一致，此处图样中的剖面线设置只能选取"铅"，以符合国家标准。）

121

数字化设计与加工软件应用

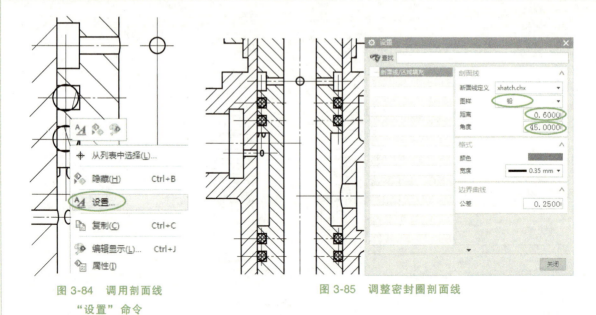

图 3-84　调用剖面线
"设置"命令

图 3-85　调整密封圈剖面线

7. 尺寸标注

（1）标注配合尺寸　需要标注的配合尺寸有 1 个，即阀体内腔与气阀杆外径的配合尺寸 $\phi 18H9/f9$，使用"编辑附加文本"进行标注即可。

（2）标注总体尺寸及相关尺寸　对手动气阀组件的外形尺寸进行标注，除此之外，还需标注一些相关的重要的相对位置尺寸，结果如图 3-86 所示。

注意：尺寸标注前需对参数进行预设置。

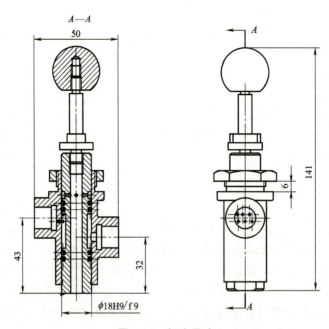

图 3-86　标注尺寸

122

8. 插入并编辑零件明细表

（1）插入零件明细表　单击"插入"→"表格"→"零件明细表"，会出现一个原始的零件明细表，先将其拖动到适当的位置；如图 3-87 所示，若明细表只显示一行，各零件的信息行未能显示，则选中明细表后单击鼠标右键，在弹出的右键菜单中选择"编辑级别"，弹出"编辑级别"对话框；单击"主模型"按钮 ，明细表出现后，单击"确定"按钮 ，生成完整的零件明细表。

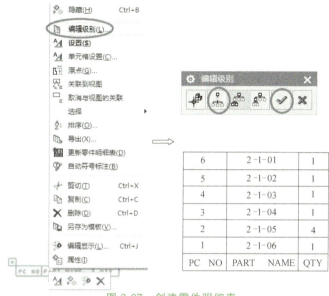

图 3-87　创建零件明细表

（2）编辑零件明细表

1）选中零件明细表最下边一行并将其删除，然后按住鼠标左键将表格拖拽到标题栏上方，视图位置可以做适当调整，以适应图样的整体布局，结果如图 3-88 所示。

2）选中零件明细表第二列并单击鼠标右键，如图 3-89 所示，在弹出的右键菜单中选择"插入"→"在右侧插入列"，并以同样的方法插入其余两列，结果如图 3-90 所示。

3）如图 3-91 所示，选中刚插入的第一列并单击鼠标右键（注意：无论是定义插入列还是编辑列的样式，在选中对象时都为预选，且显示"表格注释列"时才可单击鼠标右键），弹出右键菜单；如图 3-92 所示，单击"设置"，弹出"设置"对话框；将"列"的"属性名称"设置为"零件名称"，其余参数设置如图 3-93 所示。

4）如图 3-94 所示，设置单元格中的"类别"为"文本"，"文本对齐"为"中心"，关闭"设置"对话框后，完成此零件名称列信息的导入，结果如图 3-95 所示。以同样的方法导入"材料"列信息，结果如图 3-96 所示。

5）为了美化视图，对零件明细表的列宽、边线粗细等进行调整。选中需要调整宽度的一列，将光标放置在需要调整位置的边线上，按住鼠标左键拖拽即可实现宽度的调整。如图 3-97 所示，选中需要调整边线粗细的表格，在弹出的快捷工具条中选择"设置"按钮 ，弹出"设置"对话框；如图 3-98 所示，选择"单元格"，在右侧的"边界"选项组内将边线宽度设置为"0.70mm"，单击"确定"按钮，完成单元格边线粗细的设置，结果如图 3-99 所示。

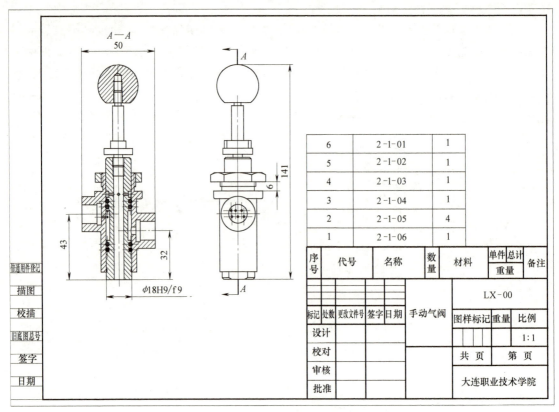

图3-88 定位零件明细表

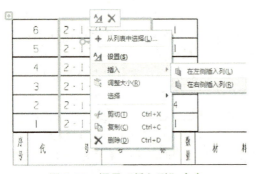

图3-89 调用"插入列"命令

图3-90 插入列

图3-91 选中插入列

项目三 工程图设计

图 3-92 调用"设置"命令

图 3-93 设置"列"参数

图 3-94 单元格设置

6	2-1-01	手柄球	1			
5	2-1-02	芯杆	1			
4	2-1-03	螺母	1			
3	2-1-04	阀体	1			
2	2-1-05	密封圈	4			
1	2-1-06	气阀杆	1			
序号	代号	名称	数量	材料	单件 总计 重量	备注

图 3-95 导入零件名称

6	2-1-01	手柄球	1	HT150		
5	2-1-02	芯杆	1	45		
4	2-1-03	螺母	1	Q235		
3	2-1-04	阀体	1	HT200		
2	2-1-05	密封圈	4	橡胶		
1	2-1-06	气阀杆	1	45		
序号	代号	名称	数量	材料	单件 总计 重量	备注

图 3-96 导入材料

9. 零件标号

如图 3-100 所示,选择剖视图并单击鼠标右键,选择"自动符号标注",弹出"零件明细表自动符号标注"对话框;如图 3-101 所示,选择编辑好的零件明细表,单击"确定"按钮,系统在剖视图上自动标号,然后根据实际情况拖动标号到合适的位置,结果如图 3-102 所示。

125

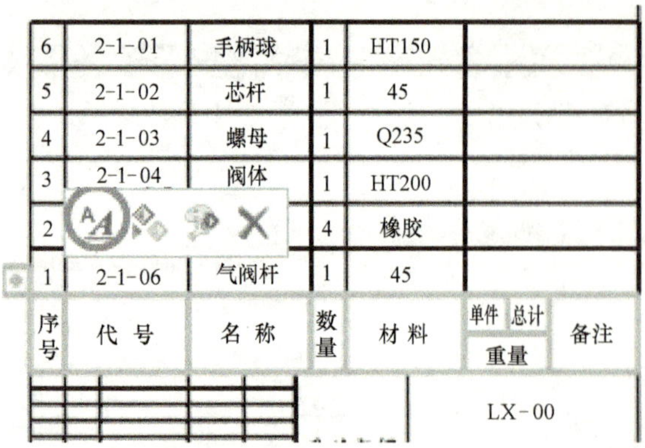

图 3-97 选择需调整的表格

图 3-98 单元格边线粗细设置

图 3-99 调整零件明细表格式

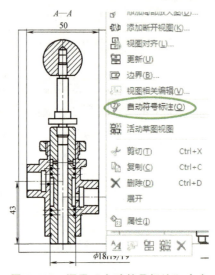

图 3-100 调用"自动符号标注"命令

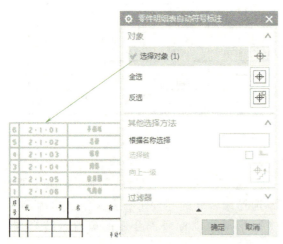

图 3-101 选择标注符号的明细表

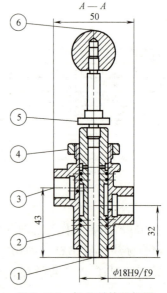

图 3-102 标号后的剖视图

三、强化训练

完成图 3-103 所示微型调节支撑机构的装配图。

强化训练

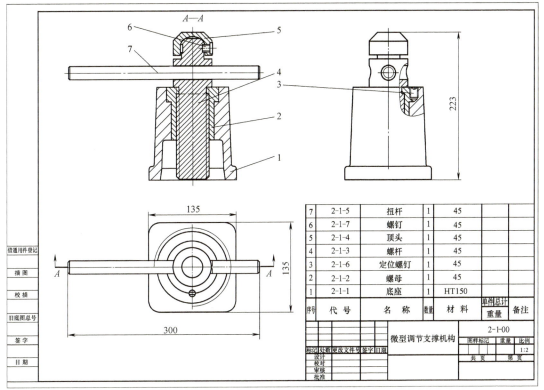

图 3-103　微型调节支撑机构装配图

操作提示见表 3-3。

表 3-3　操作提示（十三）

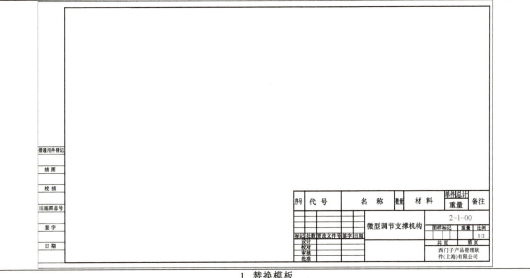

1. 替换模板

（续）

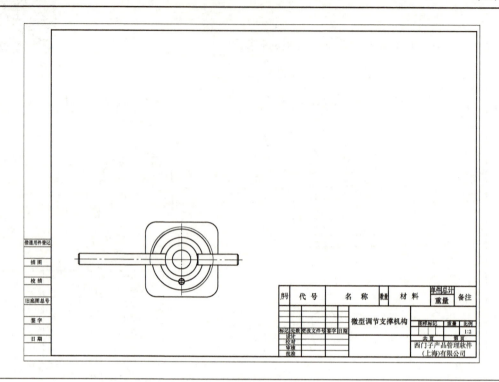

2. 生成俯视图

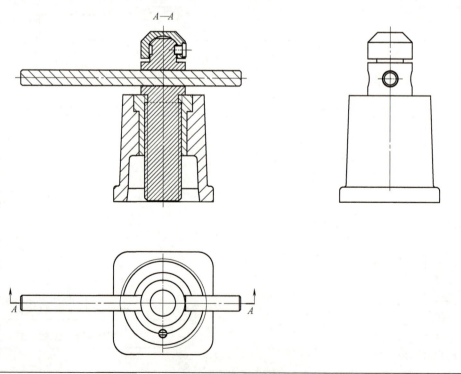

3. 创建剖视图及其投影视图

（续）

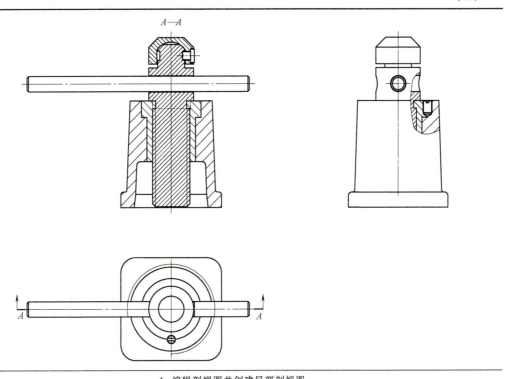

4. 编辑剖视图并创建局部剖视图

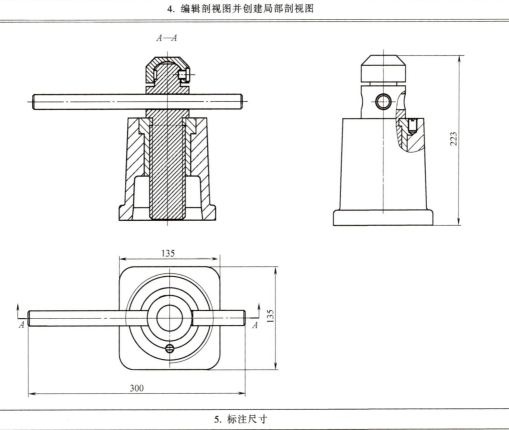

5. 标注尺寸

（续）

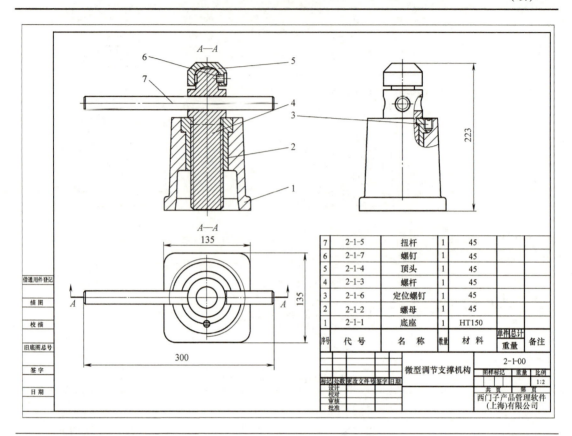

6. 创建明细表并标号

四、拓展训练

任务要求：

1）试着对图 3-103 所示微型调节支撑机构装配图进行简化（如何仅通过俯视图与剖视图，不需要局部剖视图即可将该机构表达清楚）。

2）为了减少重复性工作，试着将零件明细表保存成模板，使用时直接调用即可。

【思政育人】

UG NX 软件的工程图模块可以由三维模型生成二维工程图，由于其具有全尺寸相关的特点，避免了模型修改后工程图的二次修改，因而具有较高的设计效率。这一功能省去了按照"点—线—面"的投影规则逐笔地去绘制各个视图，软件可以根据三维模型直接投影生成各个视图。需要人工操作的是按照国家标准的要求确定图形的表达方式，进行合理的视图布局，进行尺寸、表面粗糙度、几何公差等标注。做好这一工作，首先需要明确有关于机械制图的国家标准并严格执行，其次要具有严谨踏实、一丝不苟、精益求精的职业精神，任何一个微小的错误，都可能造成不可挽回的损失。下面介绍几个反面案例。

案例一：某公司一车间工人按图 3-104 所示零件图进行零件的批量加工，最后加工出

图 3-105 所示的成品，却被客户告知产品不合格，成为废品，公司因此损失数万元。究其原因是工人拿到的图样是按照第三角投影方式绘制的，不符合国家标准中规定的第一角投影方式，而工人还按照第一角投影视图关系分析图样，必然导致加工错误。各行各业都有作业规范，遵守作业规范是最基本的职业素养。

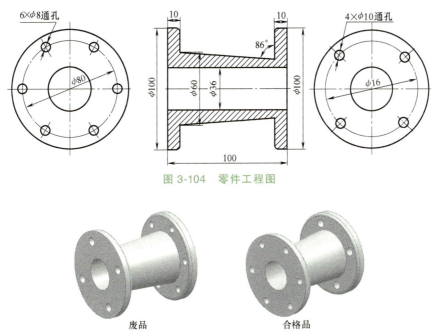

图 3-104 零件工程图

图 3-105 产品模型

案例二： 某公司接了个国外的订单，要加工一批零件，外方提供三维数字模型，中方公司负责出图及加工。由于制图员的疏忽，误将原有模型的尺寸单位英寸，以毫米为尺寸单位出图，导致整批零件报废，损失惨重。正所谓"失之毫厘，谬以千里"，一时的粗心大意，可能带来不可挽回的后果。所以，工作中一定要做到严谨踏实、一丝不苟、精益求精，这是应该追求的职业精神。

案例三： 某公司一位绘图员经常漏标图样尺寸，导致负责加工的技术工人在加工过程中因为缺少尺寸无法正常进行加工，不得不将图样返回，待补齐尺寸后再返给加工人员，这样一来一往，耽误了很多时间，严重地影响整个公司的工作计划。绘制图样是一项特别繁杂的工作，需要做事有耐心，更要非常细心；要有很强的专注力，耐得了枯燥和寂寞，这也正是爱岗敬业精神的体现，也是工匠精神的体现。

项目四　数控加工程序编制

【能力目标】

掌握通过零件的三维模型，创建零件加工程序的能力。

【知识目标】

掌握计算机自动编程的基本概念和基本知识；掌握 UG NX10.0 软件的加工操作命令；掌握创建几何体、创建刀具、创建加工操作的方法。

任务一　平面铣加工

八卦盘加工

创建图 4-1 所示八卦盘的加工程序。

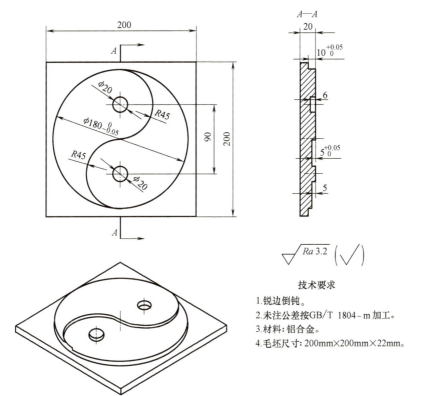

图 4-1　八卦盘零件图

技术要求
1. 锐边倒钝。
2. 未注公差按GB/T 1804-m加工。
3. 材料：铝合金。
4. 毛坯尺寸：200mm×200mm×22mm。

一、任务分析

1. 加工分析

八卦盘的结构特征符合平面铣的加工要求，零件毛坯除上表面外均已加工到位，加工后的表面粗糙度为 $Ra3.2\mu m$，精度要求不高。

2. 工序安排

加工八卦盘的工序安排为：粗铣上表面→粗铣圆台→粗铣开放槽→粗铣圆槽→精铣上表面→精铣圆台→精铣开放槽→精铣圆槽。

二、操作步骤

1. 打开模型文件并进入加工模块

在 UG NX10.0 软件中打开已经创建好的八卦盘模型文件，结果如图 4-2 所示。如图 4-3 所示，单击"启动"→"加工"，打开"加工环境"对话框；选择"cam_general"和"mill_planar"，单击"确定"按钮即进入加工环境。

数字化设计与加工软件应用

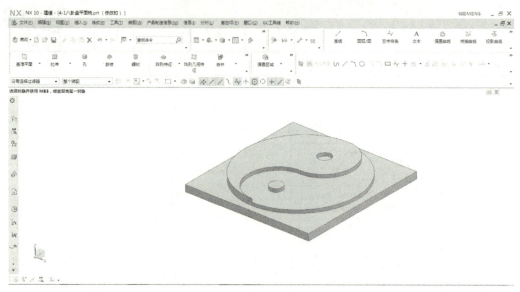

图 4-2 八卦盘模型文件

图 4-3 设置加工环境

2. 创建加工坐标系和安全平面

如图 4-4 所示,打开"工序导航器-几何",双击"MCS_MILL"节点,弹出"MCS 铣削"对话框。如图 4-5 所示,单击"CSYS 对话框"按钮,弹出"CSYS"对话框;设置"类型"为"动态",并在"Z"文本框中输入"22",单击"确定"按钮,返回"MCS 铣削"对话框;设置"安全设置选项"为"自动平面","安全距离"为"10",单击"确定"按钮,完成加工坐标系及安全平面的设置。

3. 创建工件几何体和毛坯几何体

如图 4-6 所示,在"工序导航器-几何"中双击"MCS_MILL"节点下的"WORK-PIECE"节点,弹出"工件"对话框。单击"工件"对话框中的"选择或编辑部件几何体"按钮,弹出"部件几何体"对话框;如图 4-7 所示,选择八卦盘实体模型为部件几何体,单击"确定"按钮,完成部件几何体的设定并返回"工件"对话框。单击"工件"对话框中

项目四 数控加工程序编制

图 4-4 打开"工序导航器-几何"

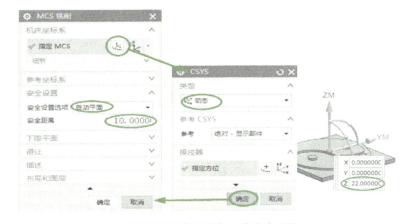

图 4-5 设置加工坐标系及安全平面

的"选择或编辑毛坯几何体"按钮,弹出"毛坯几何体"对话框;如图 4-8 所示,设置"类型"为"包容块","ZM+"为"2",单击"确定"按钮,完成毛坯几何体的设定。

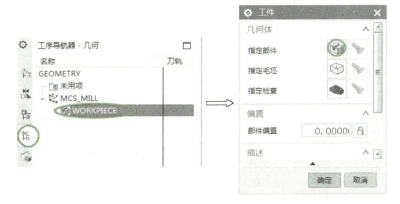

图 4-6 打开"工件"对话框

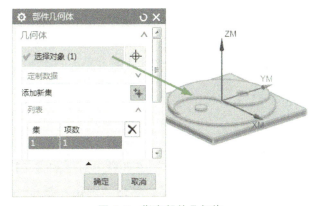

图 4-7 指定部件几何体

135

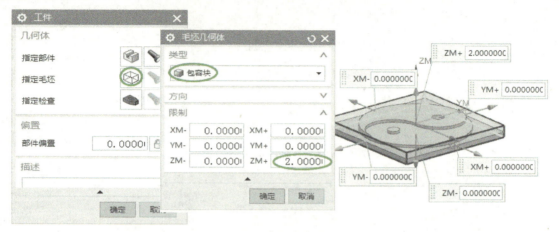

图 4-8 指定毛坯几何体

4. 创建刀具

单击"插入"→"刀具"(或单击"插入"工具栏中的"创建刀具"按钮），弹出"创建刀具"对话框。如图 4-9 所示，设置"类型"为"mil_planar"，"刀具子类型"为"MILL"，"刀具"为"GENERIC_MACHINE"，在"名称"文本框中输入"D63"，单击"确定"按钮，弹出"铣刀-5 参数"对话框；输入"直径"为"63"，"刀具号"为"1"，单击"确定"按钮，完成 1 号刀具的创建。以同样的方法，创建 2 号和 3 号刀具，对应的参数设置如图 4-10、图 4-11 所示。

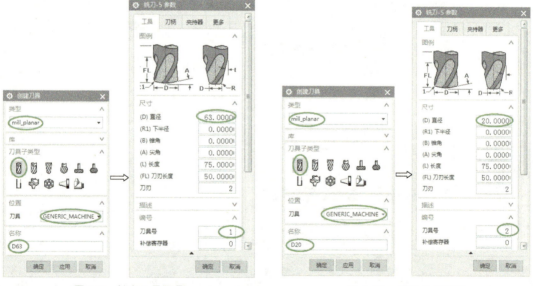

图 4-9 创建 1 号刀具　　　图 4-10 创建 2 号刀具

5. 创建粗铣上表面工序

单击"插入"→"工序"(或单击"插入"工具栏中的"创建工序"按钮），弹出"创建工序"对话框；参数设置如图 4-12 所示，单击"确定"按钮，弹出"面铣-[粗铣上表面]"对话框，如图 4-13 所示。

项目四　数控加工程序编制

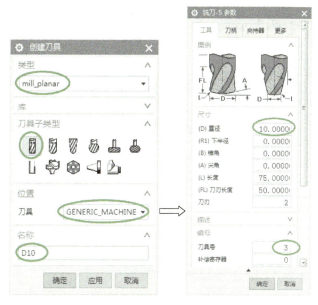

图 4-11　创建 3 号刀具

图 4-12　创建粗铣上表面工序

图 4-13　"面铣-[粗铣上表面]"对话框

单击"面铣-[粗铣上表面]"对话框中的"指定面边界"按钮，弹出"毛坯边界"对话框；如图 4-14 所示，先选择底面，设置"刀具侧"为"内部"，"刨面"为"指定"然后单击"指定平面"按钮，打开"刨"对话框；设置"类型"为"XC-YC 平面"，"距离"为"20"，确定毛坯边界所在平面位置，单击"确定"→"确定"按钮，返回"面铣-[粗铣上表面]"对话框。

如图 4-15 所示，设置"轴"为"+ZM 轴"，"切削模式"为"往复"，"步距"和"平面直径百分比"采用默认值，"毛坯距离""每刀切削深度""最终底面余量"分别设置为"2""1.5""0.5"；单击"切削参数"按钮，弹出"切削参数"对话框；"策略"和"余量"选项卡中的参数设置如图 4-16 所示，单击"确定"按钮，再次返回"面铣-[粗铣上表面]"对话框。

137

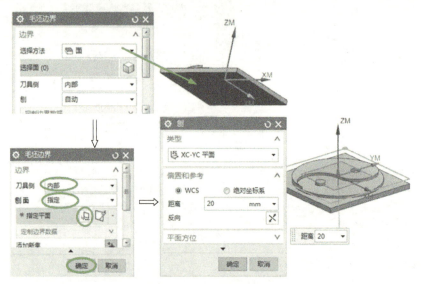

图 4-14 指定毛坯边界

图 4-15 设置面铣参数　　图 4-16 设置切削参数

单击"进给率和速度"按钮,弹出"进给率和速度"对话框;如图 4-17 所示,勾选"主轴速度(rpm)"并输入"1800",在"切削"文本框中输入"1000",然后单击"计算器"按钮,系统将计算出切削速度与进给量,单击"确定"按钮,返回"面铣-[粗铣上表面]"对话框。确认各参数设置无误后单击"生成"按钮,生成图 4-18 所示刀轨。

单击"面铣-[粗铣上表面]"对话框中的"确认"按钮，弹出图4-19所示"刀轨可视化"对话框；选择"3D动态"选项卡，单击"播放"按钮，即可进行仿真加工；单击"确定"按钮，返回"面铣-[粗铣上表面]"对话框；单击"确定"按钮，完成粗铣上表面工序的创建。

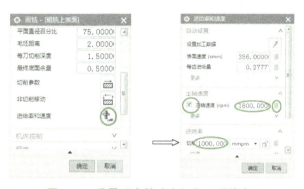

图4-17 设置"主轴速度"和"进给率"

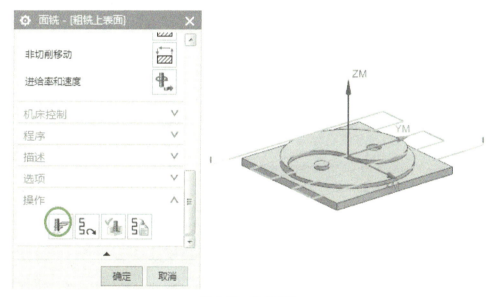

图4-18 生成刀轨

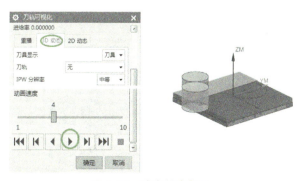

图4-19 动态仿真加工

6. 创建粗铣圆台工序

单击"插入"→"工序",弹出"创建工序"对话框。各参数设置如图 4-20 所示,单击"确定"按钮,弹出"平面铣-[粗铣圆台]"对话框。如图 4-21 所示,单击对话框中的"选择或编辑部件边界"按钮,弹出"边界几何体"对话框;设置"模式"为"曲线/边",弹出"创建边界"对话框;选择八卦盘的圆台边界,设置"刨"为"用户定义",弹出"刨"对话框;设置"类型"为"XC-YC 平面","距离"为"20",确定部件边界所在平面位置,单击"确定"→"确定"→"确定"按钮,返回"平面铣-[粗铣圆台]"对话框。

图 4-20 创建粗铣圆台工序

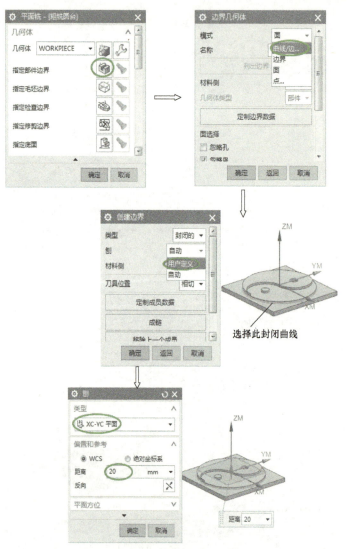

图 4-21 指定部件边界

单击"选择或编辑毛坯边界"按钮,弹出"边界几何体"对话框;如图4-22所示,设置"模式"为"曲线/边",弹出"创建边界"对话框;选择八卦盘的四条边线,设置"材料侧"为"内部","刨"为"用户定义",弹出"刨"对话框;设置"类型"为"XC-YC平面","距离"为"20",确定毛坯边界所在平面位置,单击"确定"→"确定"→"确定"按钮,返回"平面铣-[粗铣圆台]"对话框。

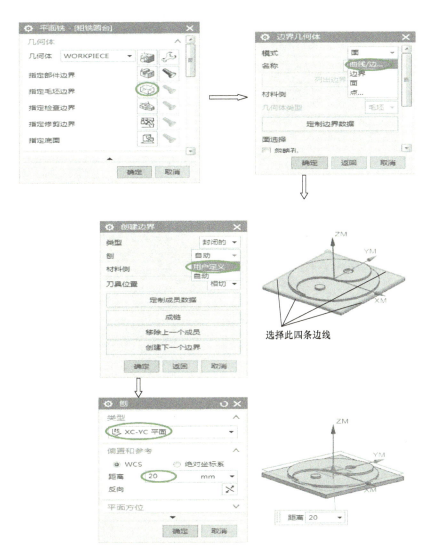

图 4-22 指定毛坯边界

单击"选择或编辑底平面几何体"按钮,如图4-23所示,选择图示位置为铣削底面,单击"确定"按钮,返回"平面铣-[粗铣圆台]"对话框。

单击"切削层"按钮,弹出"切削层"对话框;如图4-24所示,设置每层切削深度恒定为"2",单击"确定"按钮,返回"平面铣-[粗铣圆台]"对话框。

单击"切削参数"按钮,弹出"切削参数"对话框;"余量"和"连接"选项卡中

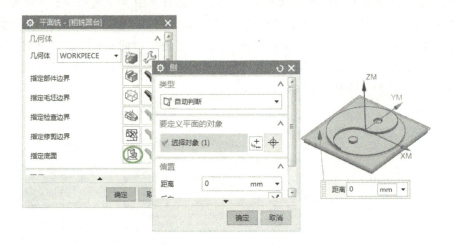

图 4-23　指定底面

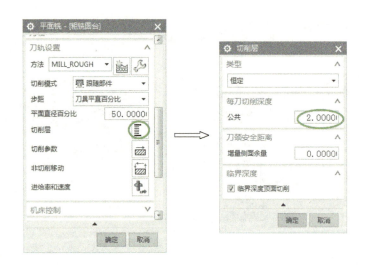

图 4-24　指定切削层深度

的参数设置如图 4-25 所示，其余参数采用系统默认值，单击"确定"按钮，再次返回"平面铣-[粗铣圆台]"对话框。

单击"进给率和速度"按钮，弹出"进给率和速度"对话框；如图 4-26 所示，勾选"主轴速度（rpm）"并输入"1600"，设置"切削"为"800"，然后单击"计算器"按钮，系统将计算出切削速度与进给量，单击"确定"按钮，返回"平面铣-[粗铣圆台]"对话框。确认各参数设置无误后单击"生成"按钮，生成图 4-27 所示刀轨；单击"确认"按钮，弹出图 4-28 所示"刀轨可视化"对话框；选择"3D 动态"选项卡，单击"播放"按钮，即可进行仿真加工，单击"确定"按钮，返回"平面铣-[粗铣圆台]"对话框；单击"确定"按钮，完成粗铣圆台工序的创建。

项目四　数控加工程序编制

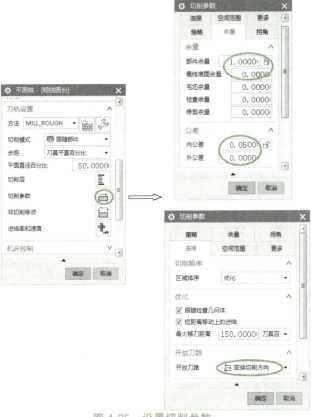

图 4-25　设置切削参数

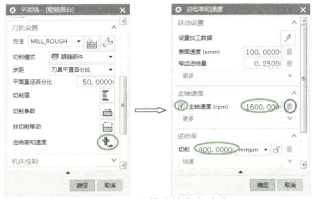

图 4-26　设置进给率和速度

图 4-27　生成刀轨

143

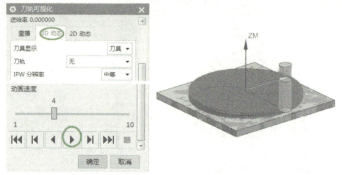

图 4-28 动态仿真加工

7. 创建粗铣开放槽工序

单击"插入"→"工序",弹出"创建工序"对话框;参数设置如图 4-29 所示,单击"确定"按钮,弹出"平面铣-[粗铣开放槽]"对话框。如图 4-30 所示,单击"选择或编辑部件边界"按钮，弹出"边界几何体"对话框;设置"模式"为"曲线/边",弹出"创建边界"对话框;选择开放槽边线,设置"材料侧"为"内部","刨"为"用户定义",弹出"刨"对话框;设置"类型"为"XC-YC 平面","距离"为"20",确定部件边界所在平面位置,单击"确定"按钮,返回"创建边界"对话框;单击"创建下一个边界"按钮,然后选择凸台边线,设置"材料侧"为"内部",单击"确定"→"确定"按钮,返回"平面铣-[粗铣开放槽]"对话框。

图 4-29 创建粗铣开放槽工序

单击"选择或编辑毛坯边界"按钮，弹出"边界几何体"对话框;如图 4-31 所示,设置"模式"为"曲线/边",弹出"创建边界"对话框;选择圆台边线,设置"材料侧"为"内部","刨"为"用户定义",弹出"刨"对话框;设置"类型"为"XC-YC 平面","距离"为"20",确定毛坯边界所在平面位置,单击"确定"→"确定"→"确定"按钮,返回"平面铣-[粗铣开放槽]"对话框。

项目四 数控加工程序编制

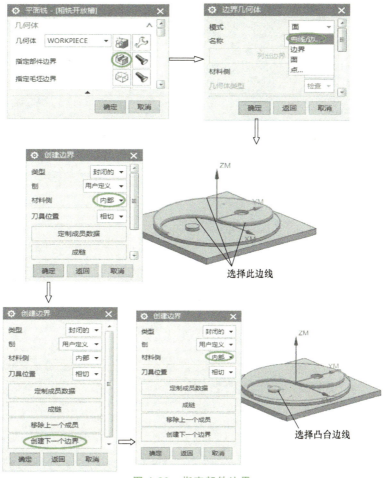

图 4-30 指定部件边界

单击"选择或编辑底平面几何体"按钮，弹出"刨"对话框；如图 4-32 所示，选择开放槽底面位置为铣削底面，单击"确定"按钮，返回"平面铣-[粗铣开放槽]"对话框。

单击"切削层"按钮，弹出"切削层"对话框；选项设定如图 4-33 所示，单击"确定"按钮，返回"平面铣-[粗铣开放槽]"对话框。

单击"切削参数"按钮，弹出"切削参数"对话框；"余量"选项卡中的参数设置如图 4-34 所示，其余参数采用系统默认值，单击"确定"按钮，再次返回"平面铣-[粗铣开放槽]"对话框。

单击"进给率和速度"按钮，弹出"进给率和速度"对话框；如图 4-35 所示，勾选"主轴速度（rpm）"并输入"1600"，设置"切削"为"800"，然后单击"计算器"按钮，系统将计算出切削速度与进给量，单击"确定"按钮，返回"平面铣-[粗铣开放槽]"对话框。确认各参数设置无误后单击"生成"按钮，生成图 4-36 所示刀轨。单击"确认"按钮，弹出图 4-37 所示"刀轨可视化"对话框；选择"3D 动态"选项卡，单击"播放"按钮，即可进行仿真加工，单击"确定"按钮，返回"平面铣-[粗铣开放槽]"对话框；单击"确定"按钮，完成粗铣开放槽工序的创建。

145

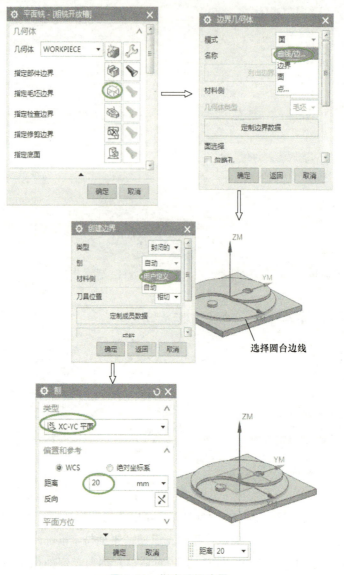

图 4-31 指定毛坯边界

图 4-32 指定底面

项目四　数控加工程序编制

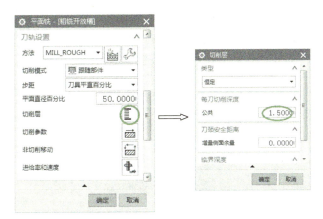

图 4-33　指定切削层深度

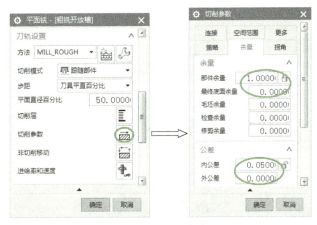

图 4-34　设置切削参数

图 4-35　设置进给率和速度

8. 创建粗铣圆槽工序

单击"插入"→"工序"按钮，或单击"插入"工具栏中的"创建工序"按钮，弹出"创建工序"对话框；参数设置如图 4-38 所示，单击"确定"按钮，弹出"平面铣-[粗

147

铣圆槽]"对话框。如图 4-39 所示,单击"选择或编辑部件边界"按钮,弹出"边界几何体"对话框;设置"模式"为"曲线/边",弹出"创建边界"对话框;选择圆槽边线,设置"材料侧"为"外部",单击"确定"→"确定"按钮,返回"平面铣-[粗铣圆槽]"对话框。

图 4-36　生成刀轨　　　　　　　　图 4-37　动态仿真加工

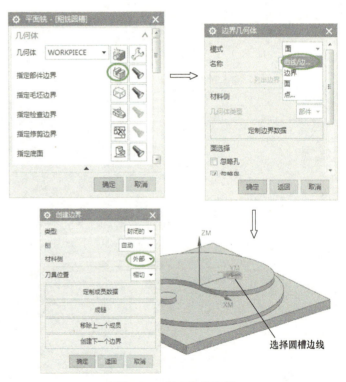

图 4-38　创建粗铣圆槽工序　　　　图 4-39　指定部件边界

单击"选择或编辑毛坯边界"按钮,弹出"边界几何体"对话框;如图 4-40 所示,设置"模式"为"曲线/边",弹出"创建边界"对话框,选择圆台边线,设置"材料侧"为"内部","刨"为"用户定义",弹出"刨"对话框;设置"类型"为"XC-YC 平面","距离"为"20.5",确定毛坯边界所在平面位置,单击"确定"→"确定"→"确定"按钮,返回"平面铣-[粗铣圆槽]"对话框。

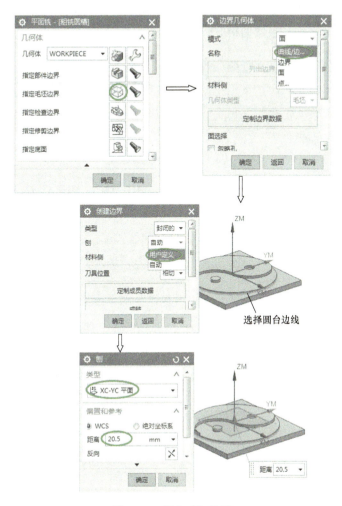

图 4-40 指定毛坯边界

单击"选择或编辑底平面几何体"按钮，弹出"刨"对话框；如图 4-41 所示，选择圆槽底面，单击"确定"按钮，返回"平面铣-[粗铣圆槽]"对话框。

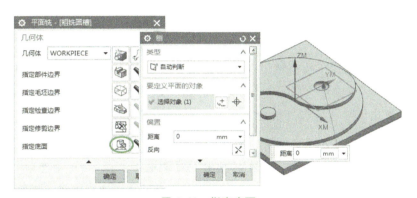

图 4-41 指定底面

单击"切削层"按钮,弹出"切削层"对话框;选项设定如图 4-42 所示,单击"确定"按钮,返回"平面铣-[粗铣圆槽]"对话框。

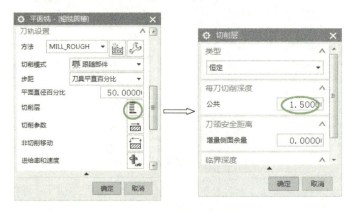

图 4-42　指定切削层深度

单击"切削参数"按钮,弹出"切削参数"对话框;"余量"选项卡中的参数设置如图 4-43 所示,其余参数采用系统默认值,单击"确定"按钮,再次返回"平面铣-[粗铣圆槽]"对话框。

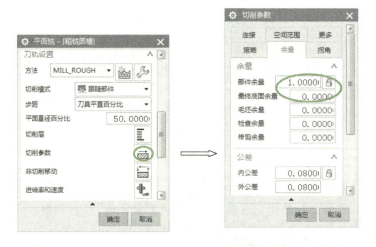

图 4-43　设置切削参数

单击"进给率和速度"按钮,弹出"进给率和速度"对话框;如图 4-44 所示,勾选"主轴速度(rpm)"并输入"1600",设置"切削"为"800",然后单击"计算器"按钮,系统将计算出切削速度与进给量,单击"确定"按钮,返回"平面铣-[粗铣圆槽]"对话框。确认各参数设置无误后单击"生成"按钮,生成图 4-45 所示刀轨。单击"确认"按钮,弹出图 4-46 所示"刀轨可视化"对话框;选择"3D 动态"选项卡,单击"播放"按钮,即可进行仿真加工,单击"确定"按钮,返回"平面铣-[粗铣圆槽]"对话框;单击"确定"按钮,完成粗铣圆槽工序的创建。

项目四 数控加工程序编制

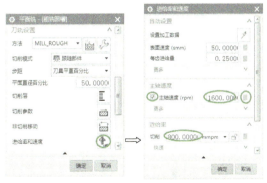

图 4-44 设置进给率和速度

图 4-45 生成刀轨

图 4-46 动态仿真加工

9. 创建精铣上表面工序

如图 4-47 所示，选中"工序导航器-几何"中"粗铣上表面"工序，单击鼠标右键，在弹出的右键菜单中选择"复制"，然后选择"粗铣圆槽"工序，单击鼠标右键，在弹出的右键菜单中选择"粘贴"，将复制的工序粘贴在此工序之后。

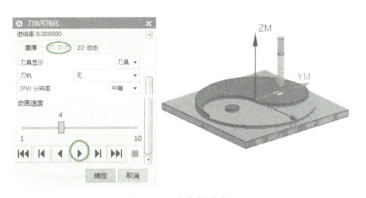

图 4-47 复制并粘贴"粗铣上表面"工序

如图 4-48 所示，选择复制的工序，单击鼠标右键，在弹出的右键菜单中选择"重命名"，将其重命名为"精铣上表面"。双击"精铣上表面"工序，弹出"面铣-[精铣上表面]"对话框；如图 4-49 所示，将"方法"设置为"MILL_FINISH"，将"毛坯距离""每刀切削深度""最终底面余量"分别设置为"0.5""0.5""0"。

151

数字化设计与加工软件应用

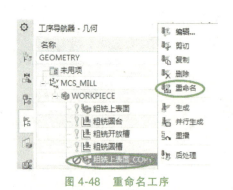

图4-48 重命名工序

图4-49 修改面铣参数

单击"进给率和速度"按钮，弹出"进给率和速度"对话框；如图4-50所示，勾选"主轴速度（rpm）"并输入"2400"，设置"切削"为"800"，然后单击"计算器"按钮，系统将计算出切削速度与进给量，单击"确定"按钮，返回"面铣-[精铣上表面]"对话框。确认各参数设置无误后单击"生成"按钮，生成如图4-51所示刀轨。单击

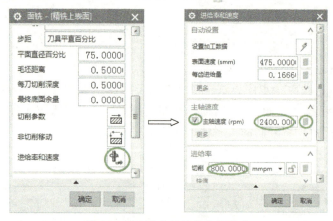

图4-50 设置主轴转速和进给率

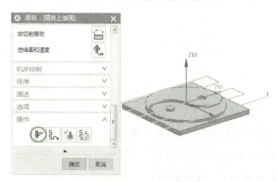

图4-51 生成刀轨

项目四 数控加工程序编制

"确认"按钮,弹出图 4-52 所示"刀轨可视化"对话框;选择"3D 动态"选项卡,单击"播放"按钮,即可进行仿真加工,单击"确定"按钮,返回"面铣-[精铣上表面]"对话框;单击"确定"按钮,完成精铣上表面工序的创建。

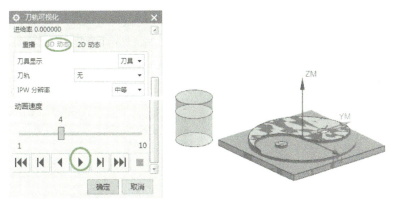

图 4-52 动态仿真加工

10. 创建精铣圆台工序

按照创建精铣上表面工序的方法,将"粗铣圆台"工序复制并粘贴到"精铣上表面"工序之后,然后将其重命名为"精铣圆台"。双击"精铣圆台"工序,弹出"平面铣-[精铣圆台]"对话框;如图 4-53 所示,将"方法"设置为"MILL_FINISH","切削模式"设置为"轮廓"。

单击"切削层"按钮,弹出"切削层"对话框;选项设定如图 4-54 所示,单击"确定"按钮,返回"平面铣-[精铣圆台]"对话框。

图 4-53 更改工序参数　　　　　图 4-54 更改切削层深度

单击"切削参数"按钮,弹出"切削参数"对话框;如图 4-55 所示,对"余量"选项卡中的"公差"值进行更改,其余参数均采用系统默认值。

单击"进给率和速度"按钮,弹出"进给率和速度"对话框;如图 4-56 所示,设置"主轴速度(rpm)"为"2000","切削"为"600",然后单击"计算器"按钮,系统将计算出切削速度与进给量,单击"确定"按钮,返回"平面铣-[精铣圆台]"对话框。确认

153

各参数设置无误后单击"生成"按钮，生成图 4-57 所示刀轨。单击"确认"按钮，弹出图 4-58 所示"刀轨可视化"对话框；选择"3D 动态"选项卡，单击"播放"按钮，即可进行仿真加工，单击"确定"按钮，返回"平面铣-[精铣圆台]"对话框；单击"确定"按钮，完成精铣圆台工序的创建。

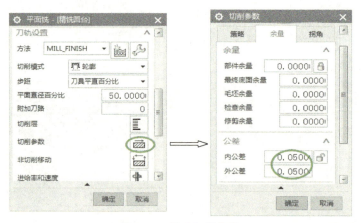

图 4-55 更改切削参数

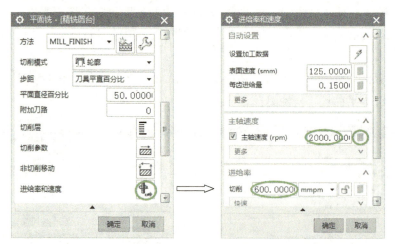

图 4-56 更改进给率和速度

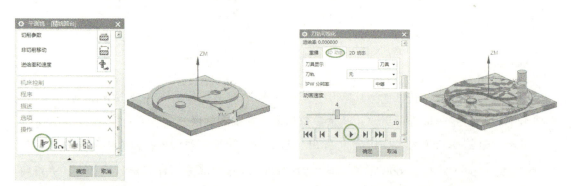

图 4-57 生成刀轨　　　　　　　　　　图 4-58 动态仿真加工

项目四 数控加工程序编制

11. 创建精铣开放槽工序

按照创建精铣工序的方法,将"粗铣开放槽"工序复制并粘贴到"精铣圆台"工序之后,并将其重命名为"精铣开放槽"。双击"精铣开放槽"工序,弹出"平面铣-[精铣开放槽]"对话框;如图4-59所示,将"方法"设置为"MILL_FINISH","切削模式"设置为"轮廓"。

单击"切削层"按钮,弹出"切削层"对话框;如图4-60所示,将"每刀切削深度"中的"公共"设置为"1",单击"确定"按钮,退出当前对话框。

单击"切削参数"按钮,弹出"切削参数"对话框;如图4-61所示,更改"余量"选项卡中的"公差",其余参数采用系统默认值,单击"确定"按钮,退出当前对话框。

图4-59 更改工序参数

图4-60 更改切削层深度

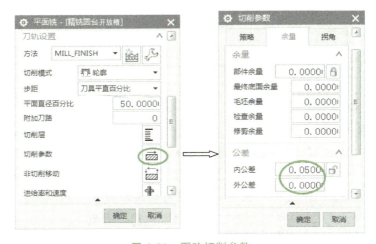

图4-61 更改切削参数

单击"进给率和速度"按钮,弹出"进给率和速度"对话框;如图4-62所示,设置"主轴速度(rpm)"为"2000","切削"为"600",然后单击"计算器"按钮,系统将计算出切削速度与进给量,单击"确定"按钮,返回"平面铣-[精铣开放槽]"对话框。确认各参数设置无误后单击"生成"按钮,生成图4-63所示刀轨。单击"确认"按钮,弹出图4-64所示"刀轨可视化"对话框;选择"3D动态"选项卡,单击"播放"按钮,即可进行仿真加工,单击"确定"按钮,返回"平面铣-[精铣开放槽]"对话框;单击"确定"按钮,完成精铣开放槽工序的创建。

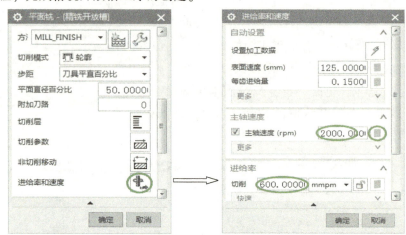

图4-62 更改进给率和速度

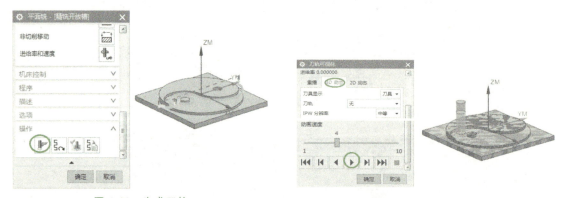

图4-63 生成刀轨　　　　　　　　图4-64 动态仿真加工

12. 创建精铣圆槽工序

按照创建精铣工序的方法,将"粗铣圆槽"工序复制并粘贴"精铣开放槽"工序之后,并将其重命名为"精铣圆槽"。双击"精铣圆槽"工序,弹出"精铣圆槽"对话框;如图4-65所示,将"方法"设置为"MILL_FINISH","切削模式"设置为"轮廓"。

单击"选择或编辑毛坯边界"按钮,弹出"编辑边界"对话框;如图4-66所示,设置"刨"为"用户定义",弹出"刨"对话框;设置"类型"为"XC-YC平面","距离"为"20",确定毛坯边界所在平面位置,单击"确定"→"确定"按钮,返回"平面铣-[精铣圆槽]"对话框。

项目四　数控加工程序编制

图 4-65　更改工序参数

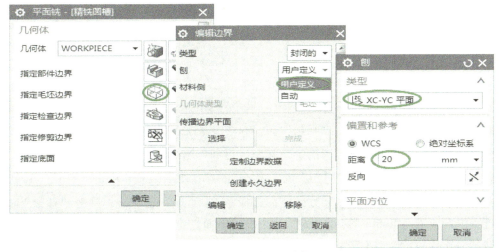

图 4-66　更改毛坯边界

单击"切削层"按钮，弹出"切削层"对话框；如图 4-67 所示，将"每刀切削深度"中的"公共"设置为"1"，单击"确定"按钮，退出当前对话框。

图 4-67　更改切削层深度

157

单击"切削参数"按钮⧉,弹出"切削参数"对话框;如图4-68所示,更改"余量"选项卡中的"公差",其余参数均采用系统默认值,单击"确定"按钮,退出当前对话框。

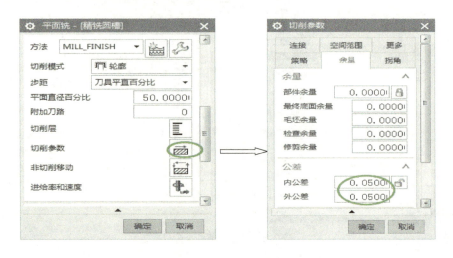

图4-68 更改切削参数

单击"进给率和速度"按钮,弹出"进给率和速度"对话框;如图4-69所示,设置"主轴速度(rpm)"为"2000","切削"为"600",然后单击"计算器"按钮,系统将计算出切削速度与进给量,单击"确定"按钮,返回"平面铣-[精铣圆槽]"对话框。确认各参数设置无误后单击"生成"按钮,生成图4-70所示刀轨。单击"确认"按钮,弹出图4-71所示"刀轨可视化"对话框,选择"3D动态"选项卡,单击"播放"按钮,即可进行仿真加工,单击"确定"按钮,返回"平面铣-[精铣圆槽]"对话框;单击"确定"按钮,完成精铣圆槽工序的创建。

图4-69 更改进给率和速度

项目四 数控加工程序编制

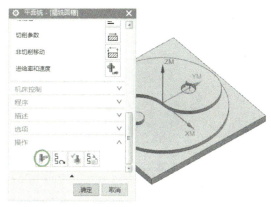

图 4-70 生成刀轨

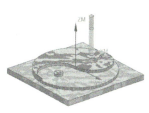

图 4-71 动态仿真加工

三、强化训练

完成图 4-72 所示拨盘零件的加工。

材料：45钢
毛坯：已完成车削加工，只需加工端面的型腔
尺寸精度：IT7
表面粗糙度：Ra 3.2μm

图 4-72 拨盘

强化训练

操作提示见表 4-1。

表 4-1 操作提示（十四）

 1. 创建毛坯模型	 2. 创建毛坯和部件装配体
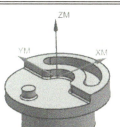 3. 进入加工环境，创建坐标系、安全平面、刀具和几何体	 4. 粗铣圆弧槽

159

（续）

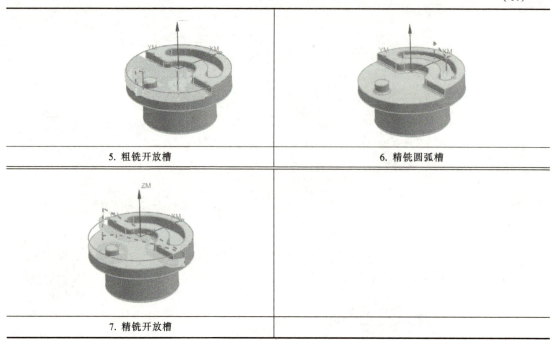

5. 粗铣开放槽	6. 精铣圆弧槽
7. 精铣开放槽	

四、拓展训练

任务要求：试着为图 4-1 所示八卦盘的加工创建不同于本例所讲述的加工工序。

项目四　数控加工程序编制

任务二　轮廓铣加工

创建图 4-73 所示烟灰缸的加工程序。

烟灰缸

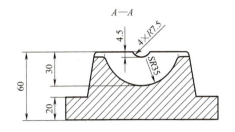

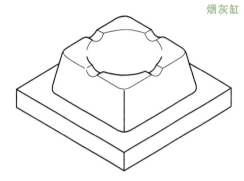

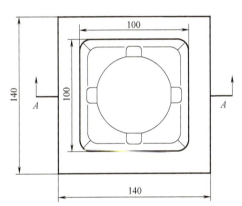

技术要求

1. 未注圆角半径为 $R2$。
2. 未注公差按 GB/T 1804-m 加工。
3. 材料：7075。
4. 毛坯尺寸：140mm×140mm×62mm。

图 4-73　烟灰缸零件图

一、任务分析

1. 加工分析

烟灰缸的结构特征符合轮廓铣加工要求，其零件毛坯除上表面外均已加工到位，加工后表面粗糙度为 $Ra3.2\mu m$，精度要求不高。

2. 工序安排

烟灰缸的轮廓铣工序安排为：粗铣外轮廓→精铣外轮廓→粗铣内腔→精铣内腔。

二、操作步骤

1. 打开模型文件并进入加工模块

在 UG NX10.0 软件中打开已经创建好的模型文件，结果如图 4-74 所示。如图 4-75 所示，选择"启动"→"加工"，打开"加工环境"对话框；选择"cam_general"和"mill_contour"，单击"确定"按钮即进入加工环境。

2. 创建加工坐标系和安全平面

如图 4-76 所示，打开"工序导航器-几何"，双击"MCS_MILL"节点，弹出图 4-77 所示"MCS 铣削"对话框;单击"CSYS 对话框"按钮,弹出"CSYS"对话框;设置"类型"为"动态",并在"Z"文本框中输入"42",单击"确定"按钮,返回到"MCS 铣削"对话框;设置"安全设置选项"为"自动平面","安全距离"为"10",单击"确定"按钮,完成加工坐标系及安全平面的设置。

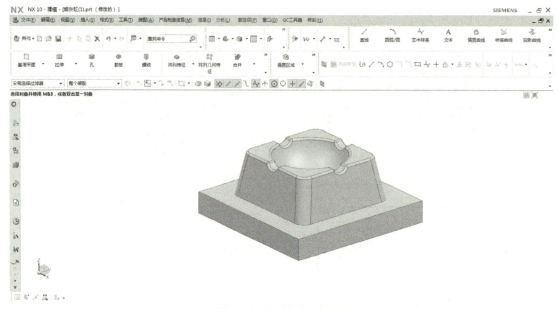

图 4-74 烟灰缸模型文件

图 4-75 进入加工环境

3. 创建工件几何体和毛坯几何体

如图 4-78 所示,在"工序导航器-几何"中双击"MCS_MILL"节点下的"WORK-PIECE"节点,弹出"工件"对话框。单击"工件"对话框中的"选择或编辑部件几何体"

项目四 数控加工程序编制

按钮,弹出"部件几何体"对话框;如图 4-79 所示,选择烟灰缸实体模型为部件几何体,单击"确定"按钮,完成部件几何体的设定,并返回"工件"对话框。单击"工件"对话框中的"选择或编辑毛坯几何体"按钮,弹出"毛坯几何体"对话框;如图 4-80 所示,将"类型"设置为"包容块",在"ZM+"文本框中输入"2",单击"确定"按钮,完成毛坯几何体的设定。

4. 创建刀具

单击"插入"→"刀具",弹出"创建刀具"对话框。如图 4-81 所示,设置"类型"为"mil_contour","刀具子类型"为"MILL","刀具"为"GENERIC_MACHINE",在"名称"文本框中输入"D30",单击"确定"按钮,弹出"铣刀-5 参数"对话框;输入直径为"30","刀具号"为"1",单击"确定"按钮,完成 1 号刀具的创建。按照同样的方法,创建 2 号和 3 号刀具,对应的参数设置如图 4-82、图 4-83 所示。

图 4-76 调整视图状态

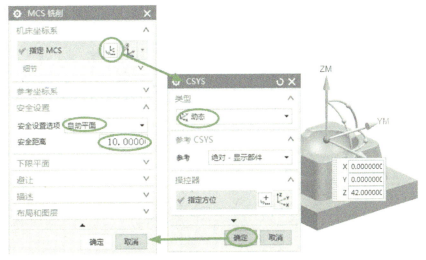

图 4-77 设置加工坐标系及安全平面

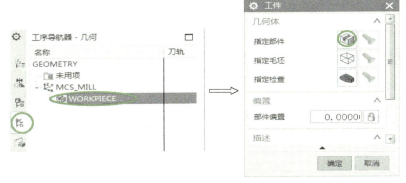

图 4-78 打开"工件"对话框

163

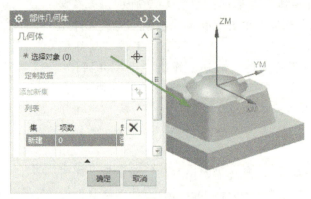

图 4-79 指定部件几何体

图 4-80 指定毛坯几何体

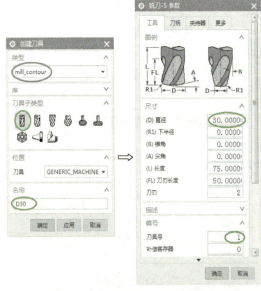

图 4-81 创建 1 号刀具

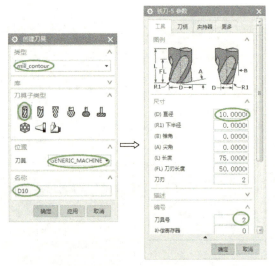

图 4-82 创建 2 号刀具

5. 创建粗铣外轮廓工序

单击"插入"→"工序",弹出"创建工序"对话框;参数设置如图4-84所示,单击"确定"按钮,弹出"型腔铣-[粗铣外轮廓]"对话框。

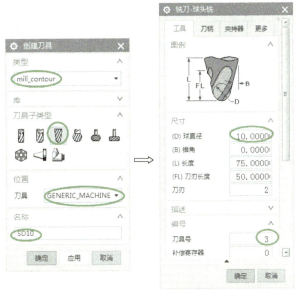

图4-83 创建3号刀具

图4-84 创建粗铣外轮廓工序

如图4-85所示,单击"选择或编辑切削区域几何体"按钮 ,弹出"切削区域"对话框;如图4-86所示,先选择底面,再连续选择各侧面,单击"确定"按钮,返回"型腔铣-[粗铣外轮廓]"对话框。

图4-85 指定切削区域

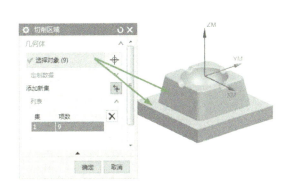

图4-86 选择几何体

如图4-87所示,选择1号刀具"D30"为切削工具,设置"切削模式"为"跟随周边","步距"为刀具直径的70%,"公共每刀切削深度"为"恒定","最大距离"为"1"。

单击"切削参数"按钮 ![icon],弹出"切削参数"对话框;"策略"和"余量"选项卡中

165

的参数设置如图 4-88 所示，其余参数均采用系统默认值，单击"确定"按钮，再次返回"型腔铣-[粗铣外轮廓]"对话框。

单击"进给率和速度"按钮，弹出"进给率和速度"对话框；如图 4-89 所示，勾选"主轴速度（rpm）"并输入"1000"，设置"切削"为"250"，然后单击"计算器"按钮，系统将计算出切削速度与进给量，单击"确定"按钮，返回"型腔铣-[粗铣外轮廓]"对话框。确认各参数设置无误后单击"生成"按钮，生成图 4-90 所示刀轨。单击"确认"按钮，弹出图 4-91 所示"刀轨可视化"对话框；选择"2D 动态"选项卡，单击"播放"按钮，即可进行仿真加工，单击"确定"按钮，返回"型腔铣-[粗铣外轮廓]"对话框；单击"确定"按钮，完成粗铣外轮廓工序的创建。

图 4-87　设置型腔铣参数

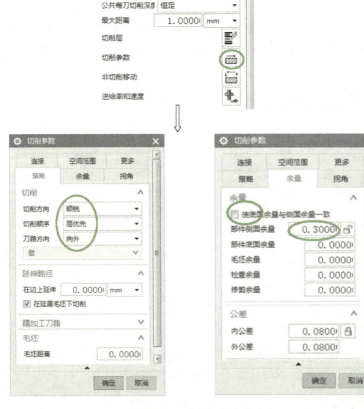

图 4-88　设置切削参数

项目四 数控加工程序编制

图 4-89 设置主轴转速和进给率

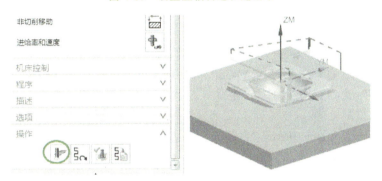

图 4-90 生成刀轨

6. 创建精铣外轮廓工序

单击"插入"→"工序",弹出"创建工序"对话框;参数设置如图 4-92 所示,单击"确定"按钮,弹出"深度轮廓加工-[精铣外轮廓]"对话框。

图 4-91 动态仿真加工

图 4-92 创建精铣外轮廓工序

167

如图 4-93 所示，单击"选择或编辑切削区域几何体"按钮，弹出"切削区域"对话框；如图 4-94 所示，选择各侧面，单击"确定"按钮，返回"深度轮廓加工-[精铣外轮廓]"对话框。

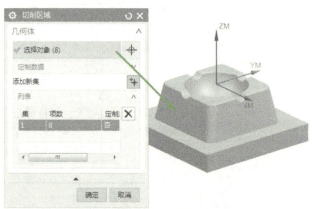

图 4-93 指定切削区域　　　　　图 4-94 选择切削区域

如图 4-95 所示，选择 1 号刀具"D30"为切削工具，设置"合并距离"为"20"，"公共每刀切削深度"为"恒定"，"最大距离"为"0.2"；"切削参数"与"非切削移动"参数采用系统默认值。

单击"进给率和速度"按钮，弹出"进给率和速度"对话框；如图 4-96 所示，勾选"主轴速度（rpm）"并输入"1600"，设置"进给率"为"200"，然后单击"计算器"按钮，系统将计算出切削速度与进给量，单击"确定"按钮，返回"深度轮廓加工-[精铣外轮廓]"对话框。确认各参数设置无误后单击"生成"按钮，生成图 4-97 所示刀轨。

单击"确认"按钮，弹出图 4-98 所示"刀轨可视化"对话框；选择"2D 动态"选择卡，单击"播放"按钮，即可进行仿真加工；单击"确定"按钮，返回"深度轮廓加工-[精铣外轮廓]"对话框；单击"确定"按钮，完成精铣外轮廓工序的创建。

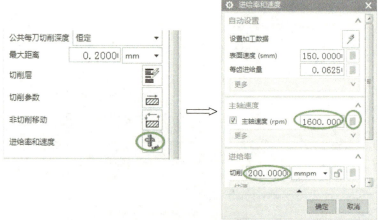

图 4-95 设置深度轮廓加工参数　　　　　图 4-96 设置主轴转速和进给率

项目四 数控加工程序编制

7. 创建粗铣内腔工序

单击"插入"→"工序",弹出"创建工序"对话框;参数设置如图4-99所示,单击"确定"按钮,弹出"型腔铣-[粗铣内腔]"对话框。

图4-97 生成刀轨

图4-98 动态仿真加工

图4-99 创建粗铣内腔工序

如图4-100所示,单击"选择或编辑切削区域几何体"按钮，弹出"切削区域"对话框;选择图4-101所示5个面,单击"确定"按钮,返回"型腔铣-[粗铣内腔]"对话框。

图4-100 指定切削区域

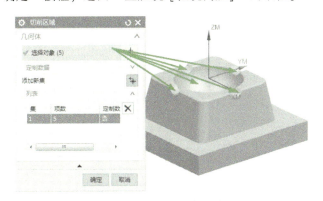

图4-101 指定切削区域

如图4-102所示,选择2号刀具"D10"为切削工具,设置"切削模式"为"跟随部件","步距"为"刀具平直百分比","平面直径百分比"为"50","公共每刀切削深度"为"恒定","最大距离"为"1"。

单击"切削参数"按钮，弹出"切削参数"对话框;"余量"选项卡中的参数设置如图4-103所示,其余参数均采用系统默认值,单击"确定"按钮,再次返回"型腔铣-[粗铣内腔]"对话框。

169

图 4-102　设置型腔铣参数　　　　图 4-103　设置切削参数

单击"非切削移动"按钮，弹出"非切削移动"对话框；如图 4-104 所示，将"最小斜面长度"设置为"50"，单击"确定"按钮，返回"型腔铣-[粗铣内腔]"对话框。

单击"进给率和速度"按钮，弹出"进给率和速度"对话框；如图 4-105 所示，勾选"主轴速度（rpm）"并输入"1000"，设置"进给率"为"250"，然后单击"计算器"按钮，系统将计算出切削速度与进给量，单击"确定"按钮，返回"型腔铣-[粗铣内腔]"对话框。确认各参数设置无误后单击"生成"按钮，生成图 4-106 所示刀轨。单击"确认"按钮，弹出图 4-107 所示"刀轨可视化"对话框，选择"2D 动态"选项卡，单击"播放"按钮，即可进行仿真加工；单击"确定"按钮，返回"型腔铣-[粗铣内腔]"对话框；再单击"确定"按钮，完成粗铣内腔工序的创建。

图 4-104　设置非切削移动参数　　　　图 4-105　设置主轴转速和进给率

8. 创建精铣内腔工序

单击"插入"→"工序"，弹出"创建工序"对话框；参数设置如图 4-108 所示，单击"确定"按钮，弹出"区域轮廓铣-[精铣内腔]"对话框。

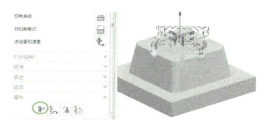

图 4-106　生成刀轨

图 4-107　动态仿真加工

图 4-108　创建精铣内腔工序

如图 4-109 所示，单击"选择或编辑切削区域几何体"按钮，弹出"切削区域"对话框；如图 4-110 所示，选择内腔表面和所有圆角面，单击"确定"按钮，返回"区域轮廓铣-[精铣内腔]"对话框。

图 4-109　指定切削区域

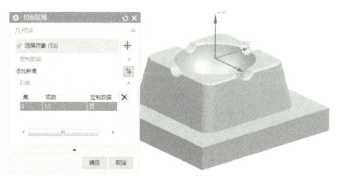

图 4-110　指定切削区域

如图 4-111 所示，选择 3 号刀具"SD10"为切削工具，设置"驱动方法"为"区域铣削"，单击"驱动方法"中的"编辑"按钮，弹出"区域铣削驱动方法"对话框；参数设置如图 4-112 所示，单击"确定"按钮，返回"区域轮廓铣-[精铣内腔]"对话框。

单击"非切削移动"按钮，弹出"非切削移动"对话框；如图 4-113 所示，在"进刀"选项卡中将"开放区域"中的"进刀类型"设置为"圆弧-相切逼近"，其余参

图 4-111　设置区域轮廓铣参数

数默认，单击"确定"按钮，返回"区域轮廓铣-[精铣内腔]"对话框。

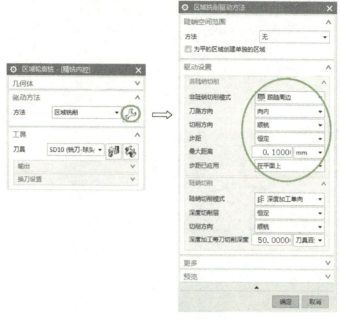

图 4-112　编辑区域铣削参数

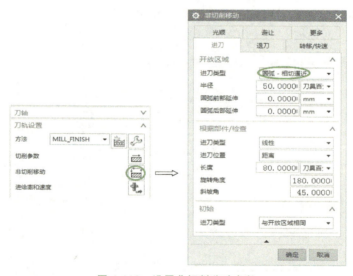

图 4-113　设置非切削移动参数

单击"进给率和速度"按钮，弹出"进给率和速度"对话框；如图 4-114 所示，勾选"主轴速度（rpm）"并输入"1400"，设置"进给率"为"200"，然后单击"计算器"按钮，系统将计算出切削速度与进给量，单击"确定"按钮，返回"区域轮廓铣-[精铣内腔]"对话框。确认各参数设置无误后单击"生成"按钮，生成图 4-115 所示刀轨。

单击"确认"按钮，弹出图 4-116 所示"刀轨可视化"对话框；选择"2D 动态"选项卡，单击"播放"按钮，即可进行仿真加工；单击"确定"按钮，返回"区域轮廓铣-[精铣内腔]"对话框；单击"确定"按钮，完成精铣内腔工序的创建。

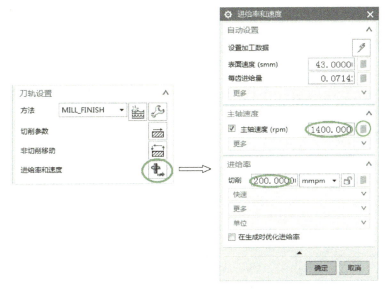

图 4-114 设置主轴转速和进给率

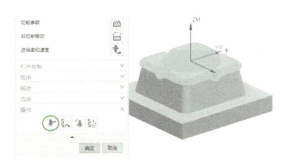

图 4-115 生成刀轨

图 4-116 动态仿真加工

三、强化训练

完成图 4-117 所示鼠标凹模的加工。

材料：45钢
毛坯：顶面留有2mm余量的块体
尺寸精度：IT7
表面粗糙度：Ra 3.2μm

强化训练

图 4-117 鼠标凹模

操作提示见表 4-2。

表 4-2 操作提示（十五）

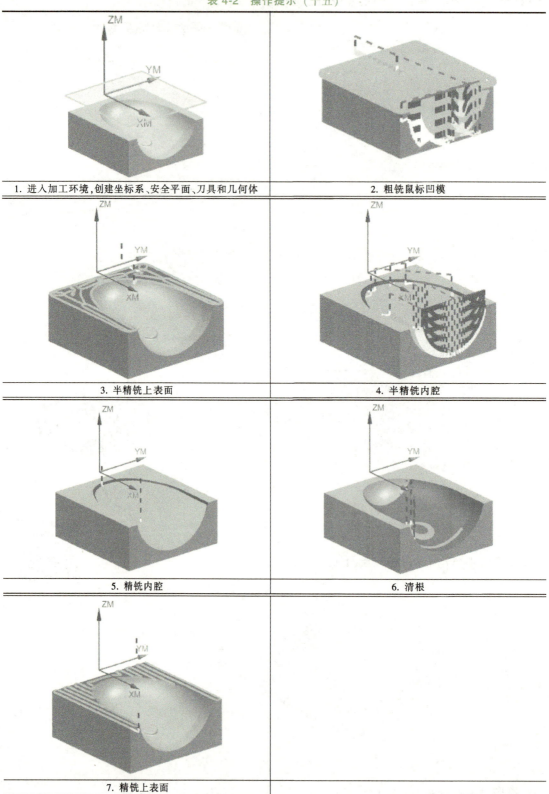

1. 进入加工环境，创建坐标系、安全平面、刀具和几何体	2. 粗铣鼠标凹模
3. 半精铣上表面	4. 半精铣内腔
5. 精铣内腔	6. 清根
7. 精铣上表面	

四、拓展训练

任务要求：

1）试着为鼠标凹模（图4-117）创建不同于本例所介绍的加工工序。

2）试着将本例中加工烟灰缸（图4-73）的不带圆角的立铣刀变为带圆角的立铣刀，并创建其对应的加工工序。

任务三 孔 加 工

创建图 4-118 所示孔板上的孔的加工程序。

孔板

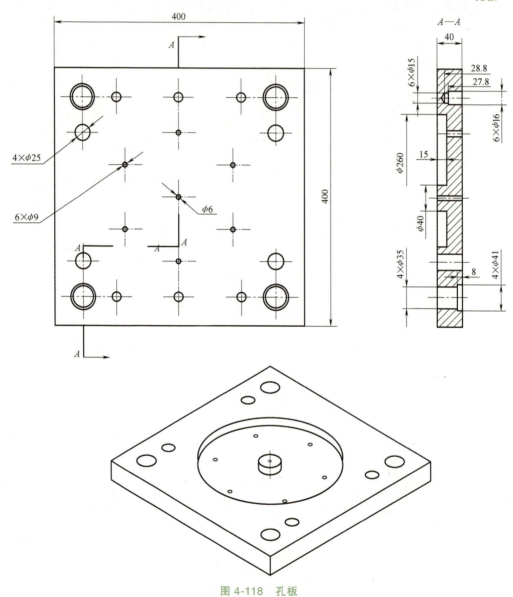

图 4-118 孔板

一、任务分析

1. 加工分析

孔板上的孔较多,而且形状和尺寸不一,需要用不同的刀具分别进行加工。

2. 工序安排

孔板零件的加工工序为:钻 φ6mm 通孔 → 钻 φ9mm 通孔 → 钻 φ25mm 通孔 → 钻 φ35mm

通孔→钻 φ15mm 通孔→锪 φ16mm 沉头孔→锪 φ41mm 沉头孔。

钻孔加工适用于孔系的加工，可以大大提高工作效率。

二、操作步骤

1. 打开模型文件并进入加工模块

在 UG NX10.0 软件中打开已经创建好的孔板模型文件，结果如图 4-119 所示。如图 4-120 所示，选择"启动"→"加工"，打开"加工环境"对话框，选择"cam_general"和"drill"，单击"确定"按钮，进入加工环境。

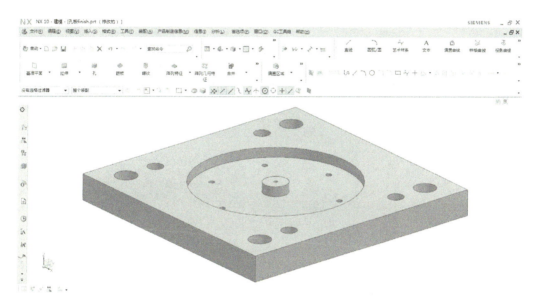

图 4-119　孔板模型文件

图 4-120　进入加工环境

2. 创建加工坐标系和安全平面

如图 4-121 所示，打开"工序导航器-几何"，双击"MCS_MILL"节点，弹出"MCS 铣削"对话框。如图 4-122 所示，单击"CSYS 对话框"按钮，弹出"CSYS"对话框；设置"类型"为"动态"，并在"X""Y""Z"文本框中分别输入"200""200""0"，然后将坐标系绕 Y 轴旋转 180°，单击"确定"按钮，返回"MCS 铣削"对话框。如图 4-123 所示，设置"安全设置选项"为"刨"，选择模型上表面为参考平面，在"距离"文本框中输入"10"，单击"确定"按钮，完成加工坐标系及安全平面的设置。

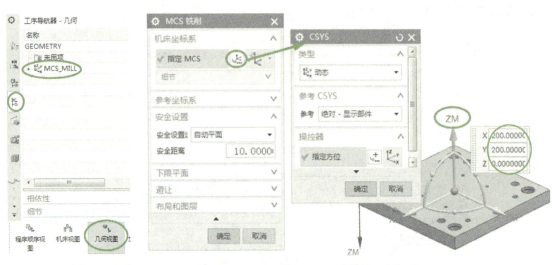

图 4-121　调整视图状态　　　　　图 4-122　设置加工坐标系

图 4-123　设置安全平面

3. 创建工件几何体和毛坯几何体

如图 4-124 所示，在"工序导航器几何"中双击"MCS_MILL"节点下的"WORKPIECE"节点，弹出"工件"对话框；单击"工件"对话框中的"选择或编辑部件几何体"按钮，弹出"部件几何体"对话框；如图 4-125 所示，选择孔板实体模型为部件几何体，单击"确定"按钮，完成部件几何体的设定，并返回"工件"对话框；单击"工件"对话框中的"选择或编辑毛坯几何体"按钮,弹出"毛坯几何体"对话框;如图4-126所示,将"类型"设置为"包容块",单击"确定"按钮,完成毛坯几何体的设定。

图4-124 打开"工件"对话框

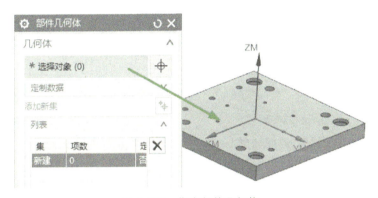

图4-125 指定部件几何体

图4-126 指定毛坯几何体

4. 创建刀具

单击"插入"→"刀具"(或单击"插入"工具栏中的"创建刀具"按钮），弹出"创建刀具"对话框;如图4-127所示,设置"类型"为"drill","刀具子类型"为"DRILLING_TOOL","刀具"为"GENERIC_MACHINE",在"名称"文本框中输入"D6",单击"确定"

按钮,弹出"钻刀"对话框;设置"直径"为"6","刀具号"为"1",单击"确定"按钮,完成1号刀具的创建。按照同样的方法,创建2号至7号刀具,相关参数设置分别如图4-128~图4-133所示。

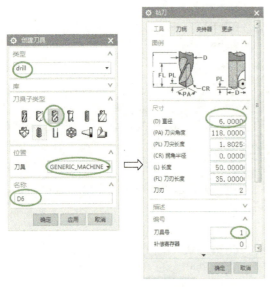

图 4-127 创建 1 号刀具

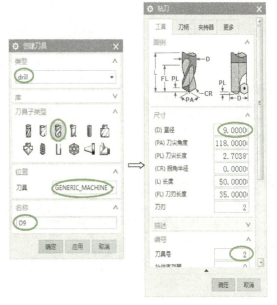

图 4-128 创建 2 号刀具

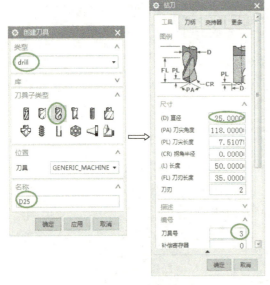

图 4-129 创建 3 号刀具

图 4-130 创建 4 号刀具

5. 创建 φ6mm 通孔的加工工序

单击"插入"→"工序",弹出"创建工序"对话框;参数设置如图4-134所示,单击"确定"按钮,弹出"钻孔-[DRILLING_D6]"对话框。

如图4-135所示,单击"选择或编辑孔几何体"按钮,弹出"点到点几何体"对话框;如图4-136所示,单击"选择"按钮,弹出选择孔边界的对话框,选择φ6mm孔边线,单击"确定"→"确定"按钮,返回"钻孔-[DRILLING_D6]"对话框。

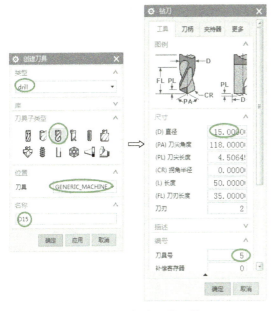

图 4-131 创建 5 号刀具

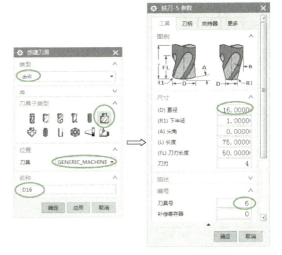

图 4-132 创建 6 号刀具

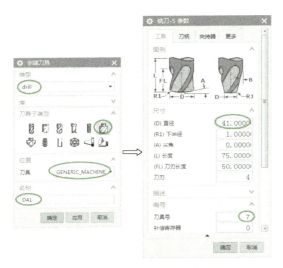

图 4-133 创建 7 号刀具

图 4-134 创建 D6 钻孔工序

如图 4-137 所示,单击"选择或编辑部件表面几何体"按钮 ⬢,弹出"顶面"对话框;如图 4-138 所示,将对话框中的"顶面选项"设置为"面",然后选择孔板上表面,单击"确定"按钮,返回"钻孔-[DRILLING_D6]"对话框。

如图 4-139 所示,单击"选择或编辑底面几何体"按钮 ⬢,弹出"底面"对话框;如图 4-140 所示,将"底面选项"设置为"面",然后选择孔板下表面,单击"确定"按钮,返回"钻孔-[DRILLING_D6]"对话框。

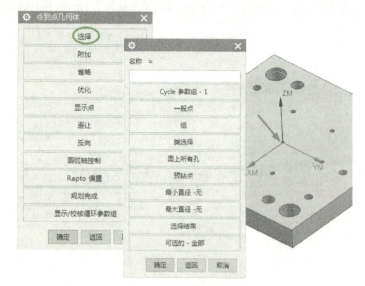

图 4-135 指定孔　　　　　图 4-136 选择孔边界

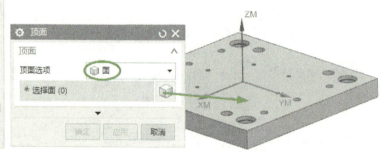

图 4-137 指定顶面　　　　图 4-138 选择孔的顶面

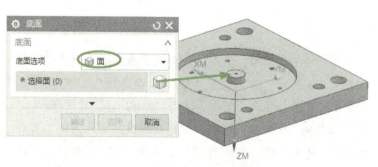

图 4-139 指定底面　　　　图 4-140 选择孔的底面

如图4-141所示,设置"轴"为"+ZM轴","循环"为"标准钻",并单击"编辑参数"按钮，弹出"指定参数组"对话框；如图4-142所示,单击"确定"按钮,在弹出的"Cycle参数"对话框中选择"模型深度",弹出"Cycle深度"对话框；选择"穿过底面",弹出"Cycle参数"对话框,单击"确定"按钮,完成参数设置,并返回"钻孔-[DRILLING_D6]"对话框。

图4-141 设置循环类型

图4-142 设置"标准钻"参数

如图4-143所示,设置"最小安全距离"为"10","通孔安全距离"为"2",然后单击"进给率和速度"按钮，弹出"进给率和速度"对话框；如图4-144所示,设置"表面速度(smm)"为"10",单击右侧的计算器按钮，设置"切削"速度为"50",单击右侧的计算器按钮，其余参数均采用默认值,单击"确定"按钮,返回"钻孔-[DRILLING_D6]"对话框。确认各参数设置无误后单击"生成"按钮，生成图4-145所示刀轨。

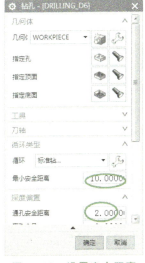

图4-143 设置安全距离

图4-144 设置进给率和速度

单击"确认"按钮，弹出图4-146所示"刀轨可视化"对话框；选择"2D 动态"选项卡，单击"播放"按钮，即可进行仿真加工，单击"确定"按钮，返回"钻孔-[DRILLING_D6]"对话框；单击"确定"按钮，完成D6钻孔工序的创建。

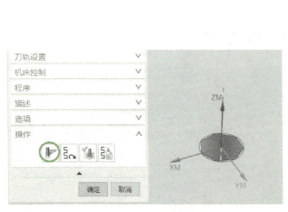

图4-145　生成刀轨　　　　　　　　图4-146　动态仿真加工

6. 创建 φ9mm 通孔的加工工序

如图4-147所示，对"DRILLING_D6"工序进行复制和粘贴操作，结果如图4-148所示。选择"DRILLING_D6_COPY"，单击鼠标右键，选择"重命名"，将程序名更改为"DRILLING_D9"，如图4-149所示。

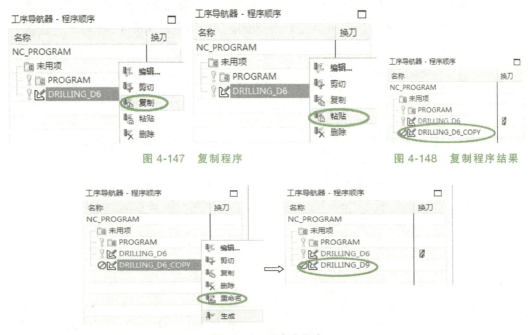

图4-147　复制程序　　　　　　　　图4-148　复制程序结果

图4-149　重命名程序

双击新建程序"DRILLING_D9"，打开"钻孔-[DRILLING_D9]"对话框。单击"选择或编辑孔几何体"按钮，弹出"点到点几何体"对话框；如图4-150所示，单击"选

项目四　数控加工程序编制

择"按钮,在弹出的对话框中选择"是",然后弹出选择孔边界对话框,选择6个φ9mm孔的边线,单击"确定"→"确定"按钮,返回"钻孔-[DRILLING_D9]"对话框。

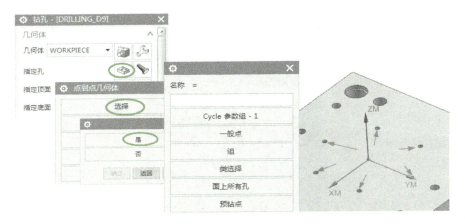

图4-150　指定孔

如图4-151所示,将"刀具"设置为"D9",单击"生成"按钮,生成图4-152所示刀轨。

图4-151　更改刀具

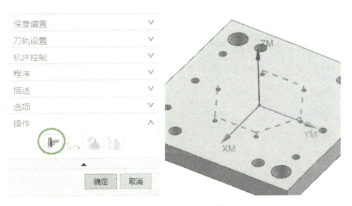

图4-152　生成刀轨

单击"确认"按钮,弹出图4-153所示"刀轨可视化"对话框;选择"2D动态"选项卡,单击"播放"按钮,即可进行仿真加工;单击"确定"按钮,返回"钻孔-[DRILLING_D9]"对话框;单击"确定"按钮,完成D9钻孔工序的创建。

7. 创建φ25mm、φ35mm通孔的加工工序

创建φ25mm和φ35mm通孔加工工序的方法同步骤6所述,此处不再赘述。

8. 创建φ15mm盲孔的加工工序

单击"插入"→"工序",弹出"创建工序"对话框;参数设置如图4-154所示,单击"确定"按钮,弹出"钻孔-[DRILLING_D15]"对话框。

如图4-155所示,单击"选择或编辑孔几何体"按钮,弹出"点到点几何体"对话框;如图4-156所示,单击"选择"按钮,弹出选择孔边界对话框,选择6个φ15mm孔的边线,单击"确定"→"确定"按钮,返回"钻孔-[DRILLING_D15]"对话框。

185

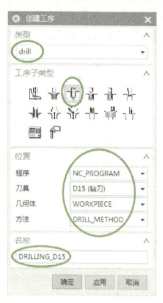

图 4-153 动态仿真加工　　　　图 4-154 创建 D15 钻孔工序

图 4-155 指定孔　　　　图 4-156 选择孔边界

如图 4-157 所示，单击"选择或编辑部件表面几何体"按钮，弹出"顶面"对话框；如图 4-158 所示，将"顶面选项"设置为"面"，然后选择孔板上表面，单击"确定"按钮，返回"钻孔-[DRILLING_D15]"对话框。

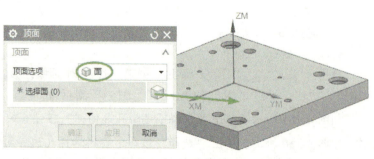

图 4-157 指定顶面　　　　图 4-158 选择孔的顶面

如图4-159所示，单击"选择或编辑底面几何体"按钮，弹出"底面"对话框；如图4-160所示，将"底面选项"设置为"面"，然后选择孔板下表面，单击"确定"按钮，返回"钻孔-[DRILLING_D15]"对话框。

图4-159 指定底面

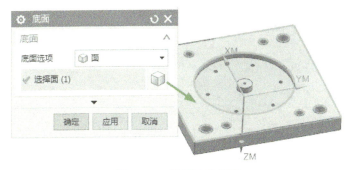
图4-160 选择孔的底面

如图4-161所示，设置"轴"为"+ZM轴"，"循环"为"标准钻"，并单击"编辑参数"按钮，弹出"指定参数组"对话框；如图4-162所示，单击"确定"按钮，在弹出的"Cycle参数"对话框中选择"模型深度"，弹出"Cycle深度"对话框，直接单击"确定"按钮，弹出"Cycle参数"对话框，直接单击"确定"按钮，完成参数设置，并返回"钻孔-[DRILLING_D15]"对话框。

图4-161 设置刀轴方向

图4-162 设置标准钻参数

如图4-163所示，设置"最小安全距离"为"10"，"通孔安全距离"为"2"，然后单击"进给率和速度"按钮，弹出"进给率和速度"对话框；如图4-164所示，设置"表面速度"为"10"，单击右侧的计算器按钮，然后设置"切削"速度为"50"，单击右侧的计算器按钮，其余参数均采用默认值，单击"确定"按钮，返回"钻孔-[DRILLING_D15]"对话框。确认各参数设置无误后单击"生成"按钮，生成图4-165所示刀轨。

单击"确认"按钮，弹出图4-166所示"刀轨可视化"对话框；选择"2D动态"选项卡，单击"播放"按钮，即可进行仿真加工；单击"确定"按钮，返回"钻孔-[DRILLING_D15]"对话框；单击"确定"按钮，完成D15钻孔工序的创建。

图4-163 设置安全距离

图4-164 设置进给率和速度

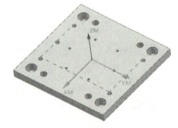

图4-165 生成刀轨

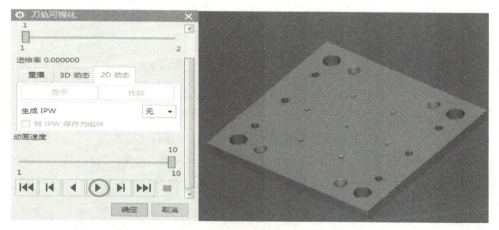

图4-166 动态仿真加工

9. 创建φ16mm沉头孔的加工工序

单击"插入"→"工序",弹出"创建工序"对话框;参数设置如图4-167所示,单击"确定"按钮,弹出"沉头孔加工[COUNTERBORING_D16]"对话框。

如图 4-168 所示，单击"选择或编辑孔几何体"按钮 ，弹出"点到点几何体"对话框；如图 4-169 所示，单击"选择"按钮，弹出选择孔边界对话框，选择 6 个 φ16mm 孔的边线，单击"确定"→"确定"按钮，返回"沉头孔加工-[COUNTERBORING_D16]"对话框。

图 4-167　创建 D16 沉头孔工序　　　　　图 4-168　指定孔

图 4-169　选择孔边界

如图 4-170 所示，单击"选择或编辑部件表面几何体"按钮 ，弹出"顶面"对话框；如图 4-171 所示，将"顶面选项"设置为"面"，然后选择孔板上表面，单击"确定"按钮，返回"沉头孔加工-[COUNTERBORING_D16]"对话框。

如图 4-172 所示，设置"轴"为"+ZM 轴"，"循环"为"标准钻"，并单击"编辑参数"按钮,弹出"指定参数组"对话框;如图4-173所示,单击"确定"按钮,在弹出的"Cycle 参数"对话框中选择"模型深度",弹出"Cycle 深度"对话框;选择"刀尖深度",在弹出的对话框中设置"深度"为"27.8",单击"确定"按钮,返回"Cycle 参数"对话框;选择"Rtrcto-无",在弹出的对话框中选择"距离",并设置"退刀"为"10",完成参数设置后单击"确定"按钮,返回"沉头孔加工-[COUNTERBORING_D16]"对话框。

图 4-170 指定顶面

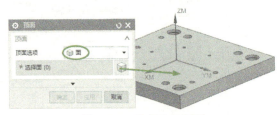

图 4-171 选择孔的顶面

图 4-172 设置循环类型

图 4-173 设置标准钻参数

如图4-174所示,设置"最小安全距离"为"5",然后单击"进给率和速度"按钮,弹出"进给率和速度"对话框;如图4-175所示,设置"表面速度"为"7",单击右侧的计算器按钮,然后设置"切削"为"100",单击右侧的计算器按钮,其余参数均采用默认值,单击"确定"按钮,返回"沉头孔加工-[COUNTERBORING_D16]"对话框。确认各参数设置无误后单击"生成"按钮,生成图4-176所示刀轨。

图 4-174 设置安全距离

项目四 数控加工程序编制

图 4-175 设置进给率和速度

单击"确认"按钮，弹出图 4-177 所示"刀轨可视化"对话框；选择"2D 动态"选项卡，单击"播放"按钮，即可进行仿真加工，然后单击"确定"按钮，返回"沉头孔加工-[COUNTERBORING_D16]"对话框；再单击"确定"按钮，完成 ϕ16mm 沉头孔加工工序的创建。

图 4-176 生成刀轨

10. 创建 ϕ41mm 沉头孔的加工工序

单击"插入"→"工序"，弹出"创建工序"对话框；参数设置如图 4-178 所示，单击"确定"按钮，弹出"沉头孔加工-[COUNTERBORING_D41]"对话框。

图 4-177 动态仿真加工

图 4-178 创建 D41 沉头孔工序

191

如图4-179所示，单击"选择或编辑孔几何体"按钮，弹出"点到点几何体"对话框；如图4-180所示，单击"选择"按钮，弹出选择孔边界对话框，选择4个φ41mm孔的边线，单击"确定"→"确定"按钮，返回"沉头孔加工-[COUNTERBORING_D41]"对话框。

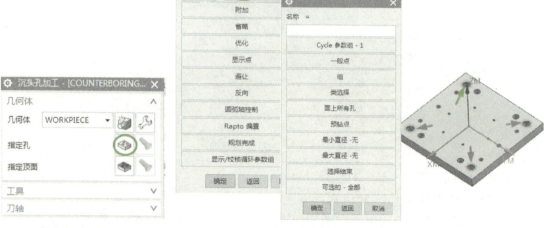

图4-179 指定孔　　　　　　　　图4-180 选择孔边界

如图4-181所示，单击"选择或编辑部件表面几何体"按钮，弹出"顶面"对话框；如图4-182所示，将"顶面选项"设置为"面"，然后选择孔板上表面，单击"确定"按钮，返回"沉头孔加工-[COUNTERBORING_D41]"对话框。

如图4-183所示，设置"轴"为"+ZM轴"，"循环"为"标准钻"，并单击"编辑参数"按钮，弹出"指定参数组"对话框；如图4-184所示，单击"确定"按钮，在弹出的"Cycle参数"对话框中选择"模型深度"，弹出"Cycle深度"对话框；选择

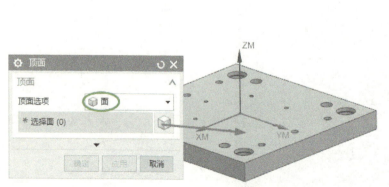

图4-182 选择孔的顶面　　　　　　图4-183 设置循环类型

图 4-184 设置标准钻参数

"刀尖深度",在弹出的对话框中设置"深度"为"8",单击"确定"按钮,返回"Cycle 参数"对话框;选择"Rtrcto-无",在弹出的对话框中选择"距离",并设置"退刀"为"10",单击"确定"按钮,返回"沉头孔加工-[COUNTERBORING_D41]"对话框。

如图 4-185 所示,设置"最小安全距离"为"5";单击"进给率和速度"按钮,弹出"进给率和速度"对话框;如图 4-186 所示,设置"表面速度"为"7",单击右侧的计算器按钮,然后设置"切削"为"100",单击右侧的计算器按钮,其余参数均采用默认值,单击"确定"按钮返回"沉头孔加工-[COUNTERBORING_D41]"对话框。确认各参数设置无误后单击"生成"按钮,生成图 4-187 所示刀轨。

单击"确认"按钮,弹出图 4-188 所示"刀轨可视化"对话框;选择"2D 动态"选项卡,单击"播放"

图 4-185 设置安全距离

193

按钮，即可进行仿真加工，单击"确定"按钮，返回"沉头孔加工-[COUNTERBORING_D41]"对话框；单击"确定"按钮，完成 $\phi41$mm 沉头孔加工工序的创建。

图 4-186 设置进给率和速度

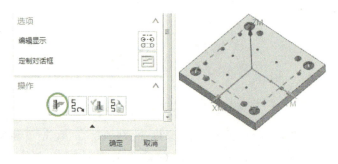

图 4-187 生成刀轨

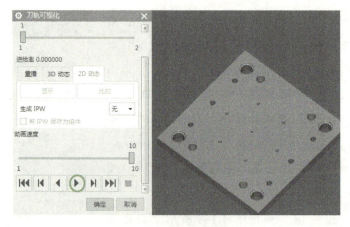

图 4-188 动态仿真加工

三、强化训练

创建图 4-189 所示端盖的加工工序。

强化训练

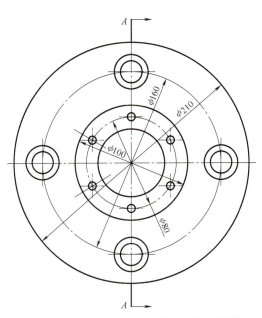
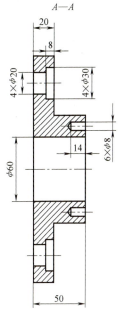

图 4-189 端盖

操作提示见表 4-3。

表 4-3 操作提示（十六）

	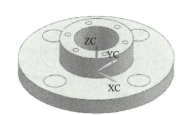
1. 创建毛坯模型	2. 创建毛坯和部件装配体
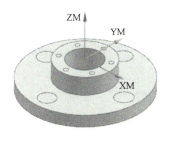	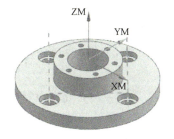
3. 进入加工环境，创建坐标系、安全平面、刀具和几何体	4. 创建 φ20mm 通孔加工工序

（续）

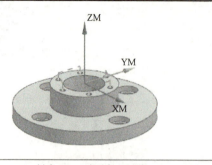

5. 创建 φ8mm 盲孔加工工序

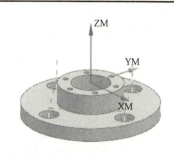

6. 创建 φ30mm 沉头孔加工工序

四、拓展训练

任务要求：试着为图4-190所示端盖创建加工工序。

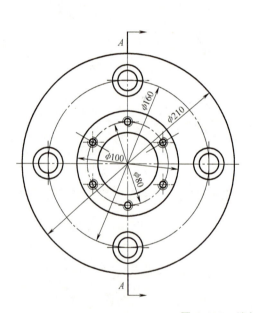

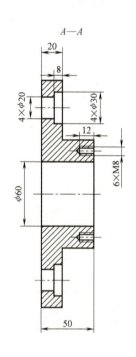

图4-190 端盖

【思政育人】

随着机械设备数控化比率的不断提高，社会对数控设备相关的操作人员的需求越来越多，下面介绍一位数控高级技师曹光富，讲述他曾经为航母加工核心部件而成为"大国工匠"的故事。

1990年，学测控的曹光富中专毕业后进入重庆江增船舶公司，起初只是为了找一份工作，车工是注重实操经验的工种，他懂的不多，就跟着师傅边干边学。干了一段时间后，曹光富便开始喜欢上了这份工作，他说过："车工这一行，干不好就谈不上喜欢。"而这一干就是16年。

此前曹光富一直操作的是手动机床,然而设备的更新很快。2006年,厂里决定引进数控机床,操作数控机床对车工的要求很高,要懂CAD制图、要学计算机编程,这对当时已经37岁的曹光富来说,不能不说是一个挑战。当时工厂推荐他参加数控机床的培训,他很感激。为了珍惜这来之不易的机会,他白天上班,晚上下班后,就坐在电脑前,一步一步按着教程学CAD制图,遇到不懂的,就在白班时请教技术员,同时也不断在操作中体会。就这样,曹光富不但熟练掌握了多类普通车床和多种型号数控车床的操作,还能扩展出许多其他的加工功能,为加工简化流程、提高效率。同时,他对数控程序编制工作也有深入了解。通过业余时间,曹光富还学会了使用CAD绘图软件、SolidWorks三维设计软件和进行工艺文件编制等诸多"高段位"技能。此外,他还与其他技术人员一起进行工艺攻关,解决了实际加工过程中的很多难题,成为了名副其实的数控多面手。

值得一提的是,由于多年操作经验的积累,他对各种加工材料有了更深的感知,进而对刀具规格也能准确拿捏。因此,他便能根据产品零件加工的需要,自己设计工装、刀具等。有一些关键部件,使用的是钛合金等难加工材料,精度要求又特别高,这就对刀具材质和刀尖角度都提出了更高要求,而厂家的刀具可能并不能满足这些要求。这时候,曹光富的"制刀绝技"就派上了用场。他可以针对不同坯料有针对地手磨刀具,用这些刀具加工出来的产品不但精度符合要求,光是刀具就为公司节省了几万元。

除了"制刀绝技"外,曹光富在特殊材料加工、异型材料加工、数控机床实际加工状态的掌握等都拥有"拿手绝活"。曹光富工作一丝不苟,他加工的成品精度高,合格率高达99%。

成品加工精度越高,安装到发动机上,性能就能得到更好的发挥,且不容易出故障。正因如此,航母核心部件加工的重任才落到了他的肩上。然而,曹光富事先对此一无所知。他当时只知道这次的工作任务难度高一些,厂里交给他,他就想认认真真地把工作做好。

为了工作方便,曹光富甚至把房子都买在了公司对面。曾经,公司有一批产品赶进度,曹光富从早上8点一直干到凌晨12点多。当时已经加工了3件,还有6、7件没有完成,正常进度两三天都完不成的任务,他在最短的时间内,在保证安全的情况下完成了。

党的十九大报告中提出要"建设知识型、技能型、创新型劳动大军,弘扬劳模精神和工匠精神,营造劳动光荣的社会风尚和精益求精的敬业风气"。曹光富非常认同,他说:"劳动光荣,劳动创造生活,这是我国的优良传统,这个传统不能丢;劳动为我们创造了价值,劳动也提高了我们的技术。"

曹光富正在把十九大精神融入自己的工作中去。他用实际行动向我们解释了什么是"工匠精神",那就是要敬业、学习和奉献;要对工作有一种热情和执着;要不断学习新技术,提高能力;要有奉献精神。

参 考 文 献

[1] 朱光力,周建安等. UG NX 10.0边学边练实例教程 [M]. 北京:人民邮电出版社,2020.
[2] 徐家忠. UG NX 10.0三维建模及自动编程项目教程 [M]. 北京:机械工业出版社,2016.
[3] 张士军,陈红娟. UG机械设计 [M]. 北京:机械工业出版社,2013.
[4] 展迪优. UG NX 8.0数控加工教程 [M]. 北京:机械工业出版社,2015.
[5] 展迪优. UG NX 8.0数控加工实例精解 [M]. 北京:机械工业出版社,2015.
[6] 连国栋. UG NX 10.0完全自学宝典 [M]. 北京:机械工业出版社,2015.
[7] 石皋莲,吴少华. UG NX CAD应用案例教程 [M]. 北京:机械工业出版社,2016.
[8] 展迪优. UG NX 11.0数控编程教程 [M]. 北京:机械工业出版社,2017.